수학의
미래

초등 **6-1**

VIOHIC
ViaEducation ㅠ

먼저 읽어보고 다양한 의견을 준 학생들 덕분에 『수학의 미래』가 세상에 나올 수 있었습니다.

강소을	서울공진초등학교	김대현	광명가림초등학교	김동혁	김포금빛초등학교
김지성	서울이수초등학교	김채윤	서울당산초등학교	김하율	김포금빛초등학교
박진서	서울북가좌초등학교	변예림	서울신용산초등학교	성민준	서울이수초등학교
심재민	서울하늘숲초등학교	오 현	서울청덕초등학교	유하영	일산 홈스쿨링
윤소윤	서울갈산초등학교	이보림	김포가현초등학교	이서현	서울경동초등학교
이소은	서울서강초등학교	이윤건	서울신도초등학교	이준석	서울이수초등학교
이하은	서울신용산초등학교	이호림	김포가현초등학교	장윤서	서울신용산초등학교
장윤수	서울보광초등학교	정초비	안양희성초등학교	천강혁	서울이수초등학교
최유현	고양동산초등학교	한보윤	서울신용산초등학교	한소윤	서울서강초등학교
황서영	서울대명초등학교				

그밖에 서울금산초등학교, 서울남산초등학교, 서울대광초등학교, 서울덕암초등학교,
서울목원초등학교, 서울서강초등학교, 서울은천초등학교, 서울자양초등학교,
세종온빛초등학교, 인천계양초등학교 학생 여러분께 감사드립니다.

1 '수학의 시대'에 필요한 진짜 수학

여러분은 새로운 시대에 살고 있습니다. 인류의 삶 전반에 큰 변화를 가져올 '제4차 산업혁명'의 시대 말입니다. 새로운 시대에는 시험 문제로만 만났던 '수학'이 우리 일상의 중심이 될 것입니다. 영국 총리 직속 연구위원회는 "수학이 인공 지능, 첨단 의학, 스마트 시티, 자율 주행 자동차, 항공 우주 등 제4차 산업혁명의 심장이 되었다. 21세기 산업은 수학이 좌우할 것"이라는 내용의 보고서를 발표하기도 했습니다. 여기서 말하는 '수학'은 주어진 문제를 풀고 답을 내는 수동적인 '수학'이 아닙니다. 이런 역할은 기계나 인공 지능이 더 잘합니다. 제4차 산업혁명에서 중요하게 말하는 수학은 일상에서 발생하는 여러 사건과 상황을 수학적으로 사고하고 수학 문제로 바꾸어 해결할 수 있는 능력, 즉 일상의 언어를 수학의 언어로 전환하는 능력입니다. 주어진 문제를 푸는 수동적 역할에서 벗어나 지식의 소유자, 능동적 발견자가 되어야 합니다.

『수학의 미래』는 미래에 필요한 수학적인 능력을 키워 줄 것입니다. 하나뿐인 정답을 찾는 것이 아니라 문제를 해결하는 다양한 생각을 끌어내고 새로운 문제를 만들 수 있는 능력을 말입니다. 물론 새 교육과정과 핵심 역량도 충실히 반영되어 있습니다.

2 학생의 자존감 향상과 성장을 돕는 책

수학 때문에 마음에 상처를 받은 경험이 누구에게나 있을 것입니다. 시험 성적에 자존심이 상하고, 너무 많은 훈련에 지치기도 하고, 하고 싶은 일이나 갖고 싶은 직업이 있는데 수학 점수가 가로막는 것 같아 수학이 미워지고 자신감을 잃기도 합니다.

이런 수학이 좋아지는 최고의 방법은 수학 개념을 연결하는 경험을 해 보는 것입니다. 개념과 개념을 연결하는 방법을 터득하는 순간 수학은 놀랄 만큼 재미있어집니다. 개념을 연결하지 않고 따로따로 공부하면 공부할 양이 많게 느껴지지만 새로운 개념을 이전 개념에 차근차근 연결해 나가면 머릿속에서 개념이 오히려 압축되는 것을 느낄 수 있습니다.

이전 개념과 연결하는 비결은 수학 개념을 친구나 부모님에게 설명하고 표현하는 것입니다. 이 과정을 통해 여러분 내면에 수학 개념이 차곡차곡 축적됩니다. 탄탄하게 개념을 쌓았으므로 어

떤 문제 앞에서도 당황하지 않고 해결할 수 있는 자신감이 생깁니다.

『수학의 미래』는 수학 개념을 외우고 문제를 푸는 단순한 학습서가 아닙니다. 여러분은 여기서 새로운 수학 개념을 발견하고 연결하는 주인공 역할을 해야 합니다. 그렇게 발견한 수학 개념을 주변 사람들에게나 자신에게 항상 소리 내어 설명할 수 있어야 합니다. 설명하는 표현학습을 통해 수학 지식은 선생님의 것이나 교과서 속에 있는 것이 아니라 여러분의 것이 됩니다. 자신의 것으로 소화하게 된다는 말이지요. 『수학의 미래』는 여러분이 수학적 역량을 키워 사회에 공헌할 수 있는 인격체로 성장할 수 있게 도와줄 것입니다.

3 스스로 수학을 발견하는 기쁨

수학 개념은 처음 공부할 때가 가장 중요합니다. 처음부터 남에게 배운 것은 자기 것으로 소화하기가 어렵습니다. 아직 소화하지도 못했는데 문제를 풀려 들면 공식을 억지로 암기할 수밖에 없습니다. 좋은 결과를 기대할 수 없지요.

『수학의 미래』는 누가 가르치는 책이 아닙니다. 자기 주도적으로 학습해야만 이 책의 목적을 달성할 수 있습니다. 전문가에게 빨리 배우는 것보다 조금은 미숙하고 늦더라도 혼자 힘으로 천천히 소화해 가는 것이 결과적으로는 더 빠릅니다. 친구와 함께할 수 있다면 더욱 좋고요.

『수학의 미래』는 예습용입니다. 학교 공부보다 2주 정도 먼저 이 책을 펼치고 스스로 할 수 있는 데까지 해냅니다. 너무 일찍 예습을 하면 실제로 배울 때는 기억이 사라져 별 효과가 없는 경우가 많습니다. 2주 정도의 기간을 가지고 한 단원을 천천히 예습할 때 가장 효과가 큽니다. 그리고 부족한 부분은 학교에서 배우며 보완합니다. 이 책을 가지고 예습하다 보면 의문점도 많이 생길 것입니다. 그 의문을 가지고 수업에 임하면 수업에 집중할 수 있고 확실히 깨닫게 되어 수학을 발견하는 기쁨을 누리게 될 것입니다.

전국수학교사모임 미래수학교과서팀을 대표하여
최수일 씀

복잡하고 어려워 보이는 수학이지만 개념의 연결고리를 찾을 수 있다면 쉽고 재미있게 접근할 수 있어요. 멋지고 튼튼한 집을 짓기 위해서 치밀한 설계도가 필요한 것처럼 여러분 머릿속에 수학의 개념이라는 큰 집이 자리 잡기 위해서는 체계적인 공부 설계가 필요하답니다. 개념이 어떻게 적용되고 연결되며 확장되는지 여러분 스스로 발견할 수 있도록 선생님들이 꼼꼼하게 설계했어요!

단원 시작

수학 학습을 시작하기 전에 무엇을 배울지 확인하고 나에게 맞는 공부 계획을 세워 보아요. 선생님들이 표준 일정을 제시해 주지만, 속도는 목표가 될 수 없습니다. 자신에게 맞는 공부 계획을 세우고, 실천해 보아요.

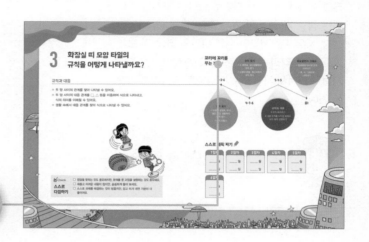

 복습과 예습을 한눈에 확인해요!

기억하기

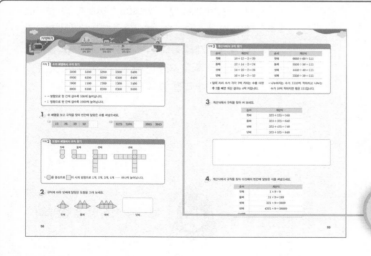

새로운 개념을 공부하기 전에 이전에 배웠던 '연결된 개념'을 꼭 확인해요. 아는 내용이라고 지나치지 말고 내가 제대로 이해했는지 확인해 보세요. 새로운 개념을 공부할 때마다 어떤 개념에서 나왔는지 확인하는 습관을 가져 보세요. 앞으로 공부할 내용들이 쉽게 느껴질 거예요.

 배웠다고 만만하게 보면 안 돼요!

새로운 개념과 만나기 전에 탐구하고 생각해야 풀
수 있는 '열린 질문'으로 이루어져 있어요. 처음에
는 생각해 내기 어려울 수 있지만 개념 연결과 추
론을 통해 문제를 해결할 수 있다면 자신감이 두
배는 생길 거예요. 한 가지 정답이 아니라 다양한
생각, 자유로운 생각이 담긴 나만의 답을 써 보세
요. 깊게 생각하는 힘, 수학적으로 생각하는 힘이
저절로 커져서 어떤 문제가 나와도 당황하지 않게
될 거예요.

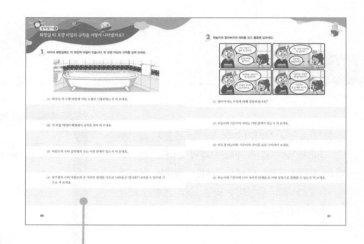

내 생각을 자유롭게 써 보아요!

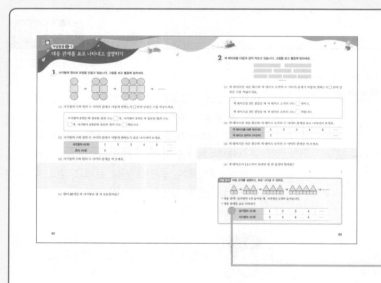

'생각열기'에서 나온 개념이나 정의 등을 한눈에
확인할 수 있게 정리했어요. 또한 개념이 적용된
다양한 예제를 통해 기본기를 다질 수 있어요. '생
각열기'와 짝을 이루어 단원에서 배워야 할 주요
한 개념과 원리를 알려 주어요.

개념의 핵심만 추렸어요!

표현하기·선생님 놀이

혼자 힘으로 정리하고 연결해요!

새로 배운 개념을 혼자 힘으로 정리하고, 관련된 이전 개념을 연결해요. 수학 개념은 모두 연결되어 있어서 그 연결고리를 찾아가다 보면 '아, 그렇구나!' 하는, 공부의 재미를 느끼는 순간이 찾아올 거예요.

친구나 부모님에게 설명해 보세요!

문제를 모두 풀었다고 해도 설명을 할 수 없으면 이해하지 못한 거예요. '선생님 놀이'에서 말로 설명을 하다 보면 내가 무엇을 모르는지, 어디서 실수했는지를 스스로 발견하고 대비할 수 있어요.

개념을 완벽히 이해했다면 실제 시험에 대비하여 문제를 풀어 보아요. 다양한 문제에 대처할 수 있도록 난이도와 문제의 형식에 따라 '기본'과 '심화'로 나누었어요. '기본'에서는 개념을 복습하고 확인해요. '심화'는 한 단계 나아간 문제로, 일상에서 벌어지는 다양한 상황이 문장제로 나와요. 생활 속에서 일어나는 상황을 수학적으로 이해하고 식으로 써서 답을 내는 과정을 거치다 보면 내가 왜 수학을 배우는지, 내 삶과 수학이 어떻게 연결되는지 알 수 있을 거예요.

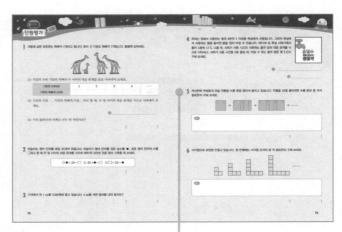

문장제까지 해결하면 자신감이 쑥쑥!

『수학의 미래』는 혼자서 개념을 익히고 적용할 수 있도록 설계되었기 때문에 해설을 잘 활용해야 해요. 문제를 푼 후에 답과 해설을 확인하여 여러분의 생각과 비교하고 수정해보세요. 그리고 '선생님의 참견'에서는 선생님이 문제를 낸 의도를 친절하게 설명했어요. 의도를 알면 문제의 핵심을 알 수 있어서 쉽게 잊히지 않아요.

문제의 숨은 뜻을 꼭 확인해요!

차례

1 한 사람이 먹은 떡케이크의 양은 얼마인가요?

분수의 나눗셈

⭐ 자연수로 나누어 몫을 분수로 나타낼 수 있어요.
⭐ 나눗셈을 곱셈으로 나타낼 수 있어요.

꼬리에 꼬리를 무는 개념 ✦

분수의 곱셈
- (분수)×(자연수) 계산하기
- (자연수)×(분수) 계산하기
- (분수)×(분수) 계산하기

분수의 나눗셈
- (자연수)÷(분수) 계산하기
- (분수)÷(분수)의 계산 원리 알아보고 계산하기

5-1-4

6-1-1

약분과 통분
- 크기가 같은 분수 알아보기
- 분수를 약분과 통분하기
- 분수의 크기 비교
- 분수와 소수의 관계 알아보기

5-2-2

분수의 나눗셈
- (자연수)÷(자연수)의 몫을 분수로 나타내기
- (분수)÷(자연수)의 몫을 분수로 나타내기
- (분수)÷(자연수)를 곱셈으로 나타내기

6-2-1

스스로 계획 짜기 ✏️

1일차	2일차	3일차	4일차	5일차
___월 ___일	___월 ___일	___월 ___일	___월 ___일	___월 ___일

6일차	7일차
___월 ___일	___월 ___일

5-1 약분하기   5-2 (분수)×(자연수)   5-2 (진분수)×(진분수)

기억 1 약분하기

분모와 분자를 공약수로 나누어 간단한 분수를 만드는 것을 약분한다고 합니다.

공약수로 약분

$$\frac{4}{12}=\frac{4\div2}{12\div2}=\frac{2}{6} \Rightarrow \frac{\overset{2}{\cancel{4}}}{\underset{6}{\cancel{12}}}=\frac{2}{6}$$

최대공약수로 약분

$$\frac{4}{12}=\frac{4\div4}{12\div4}=\frac{1}{3} \Rightarrow \frac{\overset{1}{\cancel{4}}}{\underset{3}{\cancel{12}}}=\frac{1}{3}$$

1 $\frac{24}{36}$ 를 약분할 수 있는 분자와 분모의 공약수를 모두 구해 보세요.

(   )

2 약분해 보세요.

(1) $\frac{18}{24}$ ⇨ (,   ,   ) (2) $\frac{15}{45}$ ⇨ (,   ,   )

(3) $\frac{14}{56}$ ⇨ (,   ,   ) (4) $\frac{28}{70}$ ⇨ (,   ,   )

기억 2 (분수)×(자연수)

- $\frac{1}{4}\times3=\frac{1}{4}+\frac{1}{4}+\frac{1}{4}=\frac{1\times3}{4}=\frac{3}{4}$

- $\frac{4}{5}\times3=\frac{4}{5}+\frac{4}{5}+\frac{4}{5}=\frac{4\times3}{5}=\frac{12}{5}=2\frac{2}{5}$

3 계산해 보세요.

(1) $\frac{3}{7}\times4$

(2) $\frac{5}{6}\times4$

- 6의 $\dfrac{1}{3}$은 2입니다.
- $6 \times \dfrac{1}{3} = \dfrac{6 \times 1}{3} = 2$

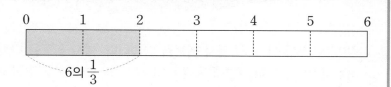

4 계산해 보세요.

(1) $7 \times \dfrac{2}{3}$

(2) $8 \times \dfrac{3}{10}$

- $\dfrac{1}{5}$의 $\dfrac{1}{3}$은 $\dfrac{1}{15}$입니다.
- $\dfrac{1}{5} \times \dfrac{1}{3} = \dfrac{1}{5 \times 3} = \dfrac{1}{15}$

$\dfrac{1}{5}$ → $\dfrac{1}{5}$의 $\dfrac{1}{3}$

곱한 뒤 약분

$$\dfrac{4}{5} \times \dfrac{3}{4} = \dfrac{4 \times 3}{5 \times 4} = \dfrac{\overset{3}{\cancel{12}}}{\underset{5}{\cancel{20}}} = \dfrac{3}{5}$$

약분한 뒤 곱하여 계산

$$\dfrac{\overset{1}{\cancel{4}}}{5} \times \dfrac{3}{\underset{1}{\cancel{4}}} = \dfrac{1 \times 3}{5 \times 1} = \dfrac{3}{5}$$

5 계산해 보세요.

(1) $\dfrac{2}{3} \times \dfrac{5}{8}$

(2) $\dfrac{8}{15} \times \dfrac{9}{16}$

(3) $\dfrac{11}{12} \times \dfrac{6}{33}$

한 사람이 먹은 떡케이크의 양은 얼마인가요?

1 강이는 양로원에 가서 봉사 활동을 했습니다. 봉사 활동을 마치고 할아버지, 할머니와 떡케이크 1개를 나누어 먹었습니다. 4명이 똑같이 나누어 먹었으면 한 사람이 먹은 떡케이크의 양은 얼마인가요?

강

(1) 그림을 그려 한 사람이 먹은 떡케이크의 양을 구하고 설명해 보세요.

(2) 이 상황을 나눗셈으로 나타내어 한 사람이 먹은 떡케이크의 양을 구하고 설명해 보세요.

(3) 이 상황을 분수의 곱으로 나타내어 한 사람이 먹은 떡케이크의 양을 구하고 설명해 보세요.

2 강이는 지역 아동 센터에 가서 봉사 활동을 했습니다. 봉사 활동을 마치고 아이들과 피자 3판을 나누어 먹었습니다. 8명이 똑같이 나누어 먹었으면 한 사람이 먹은 피자의 양은 얼마인가요?

강

(1) 한 사람이 먹은 피자의 양을 2가지 방법으로 구하고 설명해 보세요.

(2) 위에서 말한 2가지 방법을 하나로 합하여 설명해 보세요.

(자연수)÷(자연수)의 몫을 분수로 나타내기

1 강이, 산이, 하늘이는 지역 아동 센터 아이들에게 나무로 장난감을 만들어 주기로 했습니다. 삼나무, 자작나무, 편백나무를 똑같이 나누어 각자 창의적인 방법으로 장난감을 만들려고 합니다. 한 사람이 가지게 되는 나무의 길이는 각각 얼마일까요?

(1) 어떻게 나누어야 하는지 표시해 보세요.

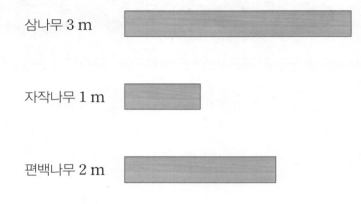

삼나무 3 m

자작나무 1 m

편백나무 2 m

(2) 한 사람이 가지게 되는 각각의 나무의 길이를 구해 보세요.

삼나무 : ◯ m   자작나무 : ☐ m   편백나무 : ⌂ m

(3) (2)에서 세 나무의 길이 ◯ m, ☐ m, ⌂ m를 어떻게 구했는지 나눗셈식과 곱셈식으로 나타내어 보세요.

	나눗셈식	곱셈식
삼나무	3 ÷ ☐ = ◯	3 × ☐ = ◯
자작나무	1 ÷ ☐ = ☐	1 × ☐ = ☐
편백나무	2 ÷ ☐ = ⌂	2 × ☐ = ⌂

2 5÷4의 몫을 분수로 나타내려고 해요.

(1) 5÷4의 몫을 그림으로 나타내어 보세요.

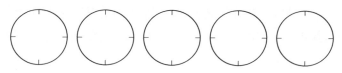

(2) 5÷4의 몫을 분수로 나타내어 보세요.

(3) 5÷4의 몫을 구하는 방법을 설명해 보세요.

3 나눗셈의 몫을 그림과 분수로 나타내어 보세요.

	그림	분수
1÷4		
6÷5		

개념 정리 (자연수)÷(자연수)

2÷3의 몫 구하기

• 2의 $\frac{1}{3}$ ⇨ $2 \times \frac{1}{3}$

• 색칠된 부분의 크기 ⇨ $\frac{2}{3}$

2÷3의 색칠된 부분은 $2 \times \frac{1}{3}$ 또는 $\frac{2}{3}$ ➡ $2 \div 3 = 2 \times \frac{1}{3} = \frac{2}{3}$

1 강이, 산이, 하늘이는 벽화 그리기 봉사 활동에 참여하여 초록색 페인트 반 통으로 벽의 언덕 그림을 색칠하려고 합니다. 3명이 페인트를 똑같이 나눌 때, 한 사람이 가지게 되는 페인트의 양은 얼마인가요?

(1) 한 사람이 가지게 되는 페인트의 양을 그림 그리기, 나눗셈하기, 곱셈하기 중 2가지 방법으로 구하고 설명해 보세요.

(2) 위에서 말한 2가지 방법을 하나로 합하여 설명해 보세요.

2 강이와 친구들은 언덕 그림을 모두 칠한 다음 하늘색 페인트로 하늘 배경을 색칠하기로 했습니다. 하늘색 페인트 2통 반을 3명이 똑같이 나눌 때, 한 사람이 가지게 되는 페인트의 양은 얼마인가요?

(1) 한 사람이 가지게 되는 페인트의 양을 3가지 방법으로 구하고 설명해 보세요.

(2) 위에서 말한 방법 중 2가지를 선택하고 하나로 합하여 설명해 보세요.

(분수)÷(자연수)를 곱셈으로 계산하기

1 나무판과 고무판이 있습니다. 두 판의 가로는 모두 1 m이고, 나무판의 세로는 1 m, 고무판의 세로는 $\frac{2}{3}$ m입니다. 두 판을 4명이 똑같이 나누어 가질 때, 한 사람이 가지게 되는 판의 넓이를 구해 보세요.

(1) 4명이 똑같이 나누어 갖기 위해서 두 판을 세로 방향으로 나누어 보세요.

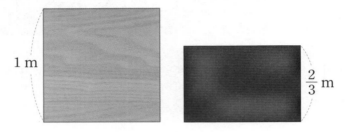

(2) (1)의 그림을 이용하여 한 사람이 가지게 되는 판의 넓이를 구해 보세요.

(3) 나눗셈식과 곱셈식을 이용하여 한 사람이 가지게 되는 판의 넓이를 구해 보세요.

	나눗셈식	곱셈식
나무판	☐ ÷ ☐ = ☐	☐ × ☐ = ☐
고무판	☐ ÷ ☐ = ☐	☐ × ☐ = ☐

(4) (분수)÷(자연수)를 계산하는 방법을 써 보세요.

2 세로가 1 m, 가로가 $4\frac{1}{2}$ m인 철판을 2조각으로 나누어 그중 1조각을 사용하려고 합니다. 물음에 답하세요.

(1) 철판을 그림으로 나타내고 2조각으로 나누어 보세요.

(2) (1)에서 그린 그림을 이용하여 1조각의 넓이를 구해 보세요.

(3) 나눗셈식과 곱셈식을 이용하여 1조각의 넓이를 구해 보세요.

(4) (분수)÷(자연수)를 계산하는 방법을 써 보세요.

개념 정리 (분수)÷(자연수)를 곱셈으로 계산하기

- (분수)÷(자연수)=(분수)$\times\dfrac{1}{(자연수)}$

$$\frac{3}{5}\div 7=\frac{3}{5}\times\frac{1}{7}=\frac{3}{35}$$

자연수를 $\dfrac{1}{(자연수)}$ 로 바꿔요.

- (대분수)÷(자연수)=(가분수)÷(자연수)

$$=(가분수)\times\frac{1}{(자연수)}$$

$$2\frac{5}{6}\div 7=\frac{17}{6}\div 7=\frac{17}{6}\times\frac{1}{7}=\frac{17}{42}$$

대분수를 가분수로 바꿔요.

(분수)÷(자연수)에서 분자를 자연수로 나누기

1 그림을 이용하여 ☐ 안에 알맞은 수를 써넣고 분수의 나눗셈을 해 보세요.

(1) $\frac{6}{7} \div 3$의 몫을 그림으로 구하고 계산해 보세요.

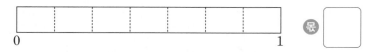

몫 ☐

계산 $\dfrac{6}{7} \div 3 = \dfrac{\boxed{} \div \boxed{}}{7} = \boxed{}$

(2) $\frac{3}{5} \div 2$의 몫을 그림으로 구하고 계산해 보세요.

몫 ☐

계산 $\dfrac{3}{5} \div 2 = \dfrac{\boxed{}}{10} \div 2 = \dfrac{\boxed{} \div 2}{10} = \boxed{}$

(3) $2\frac{1}{5} \div 2$의 몫을 그림으로 구하고 계산해 보세요.

몫 ☐

계산 $2\dfrac{1}{5} \div 2 = \dfrac{\boxed{}}{5} \div 2 = \dfrac{\boxed{}}{10} \div 2 = \dfrac{\boxed{} \div 2}{10} = \boxed{}$

(4) (1), (2), (3)의 계산 방법은 어떤 점이 같은지 써 보세요.

2 □ 안에 알맞은 수를 써넣어 계산해 보세요.

(1) $\dfrac{5}{6} \div 4$를 계산해 보세요.

방법 1 $\dfrac{5}{6} \div 4 = \dfrac{\boxed{}}{24} \div 4 = \dfrac{\boxed{} \div 4}{24} = \boxed{}$

방법 2 $\dfrac{5}{6} \div 4 = \dfrac{5}{6} \times \dfrac{\boxed{}}{\boxed{}} = \boxed{}$

(2) $6\dfrac{2}{3} \div 5$를 계산해 보세요.

방법 1 $6\dfrac{2}{3} \div 5 = \dfrac{\boxed{}}{3} \div 5 = \dfrac{\boxed{} \div 5}{3} = \boxed{}$

방법 2 $6\dfrac{2}{3} \div 5 = \dfrac{\boxed{}}{3} \div \boxed{} = \dfrac{\boxed{}}{3} \times \dfrac{\boxed{}}{\boxed{}} = \boxed{}$

(3) (1)과 (2)의 계산 방법을 통해 무엇을 알 수 있는지 써 보세요.

개념 정리 (분수)÷(자연수)에서 (분자)를 (자연수)로 나누기

- (분수)÷(자연수)$= \dfrac{(분자)}{(분모)} \div (자연수) = \dfrac{(분자) \div (자연수)}{(분모)}$ 인 이유

➡ $\dfrac{4}{5} \div 2$에서 $\dfrac{4}{5}$를 $\dfrac{2}{5} + \dfrac{2}{5}$로 나눌 수 있기 때문입니다.

- (분수)÷(자연수)$= \dfrac{(분자)}{(분모)} \div (자연수) = \dfrac{(분자)}{(분모)} \times \dfrac{1}{(자연수)}$의 방법으로

➡ $\dfrac{4}{5} \div 2 = \dfrac{\overset{2}{4}}{5} \times \dfrac{1}{\underset{1}{2}}$와 같이 (분자)와 (자연수)를 약분할 수 있습니다.

분수의 나눗셈

스스로 정리 나눗셈을 여러 가지 방법으로 정리해 보세요.

1 $5 \div 4$

그림

☐ ☐ ☐ ☐ ☐

분수

2 $\dfrac{3}{4} \div 2$

그림

나눗셈

곱셈

개념 연결 분수로 나타내어 보세요.

주제	분수로 나타내기
분수	색칠된 부분을 분수로 나타내어 보세요. (1) ⬤ → ☐ (2) ▦ ▦ → ☐
크기가 같은 분수	크기가 같은 분수를 3개씩 써 보세요. (1) $\dfrac{3}{4}$ (2) $\dfrac{5}{3}$

---

1 나눗셈의 계산 과정에서 크기가 같은 분수를 이용하는 방법을 친구에게 편지로 설명해 보세요.

(1) $\dfrac{2}{3} \div 5$

(2) $1\dfrac{4}{5} \div 2$

1 주스 2 L를 컵 5개에 똑같이 나누어 담았습니다. 한 컵에 들어 있는 주스의 양을 구하고 다른 사람에게 설명해 보세요.

2 배양토 $12\frac{1}{3}$ kg을 5봉지에 똑같이 나누어 담았습니다. 꽃을 심을 때 3봉지를 사용했으면 남은 배양토는 몇 kg인지 구하고 다른 사람에게 설명해 보세요.

분수의 나눗셈은
이렇게 연결돼요

5-2
분수의 곱셈

6-1
(분수)÷(자연수)

6-2
(분수)÷(분수)

6-2
(소수)÷(소수)

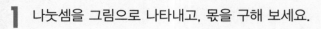
1 나눗셈을 그림으로 나타내고, 몫을 구해 보세요.

(1) 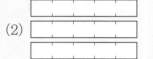 $1 \div 12 = \boxed{}$

(2) 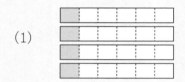 $3 \div 5 = \boxed{}$

2 그림을 보고 □ 안에 알맞은 수를 써넣으세요.

(1)

$4 \div \boxed{} = 4 \times \boxed{} = \boxed{}$

(2)

$\dfrac{5}{6} \div \boxed{} = \dfrac{5}{6} \times \boxed{} = \boxed{}$

3 보기 와 같이 계산해 보세요.

┌─ 보기 ─
$$\dfrac{8}{9} \div 6 = \dfrac{\overset{4}{8}}{9} \times \dfrac{1}{\underset{3}{6}} = \dfrac{4}{9} \times \dfrac{1}{3} = \dfrac{4}{27}$$

$$\dfrac{12}{5} \div 8 =$$

4 계산해 보세요.

(1) $5 \div 9$ (2) $\dfrac{4}{5} \div 4$

(3) $\dfrac{5}{12} \div 2$ (4) $\dfrac{8}{3} \div 5$

(5) $2\dfrac{4}{5} \div 7$ (6) $3\dfrac{2}{5} \div 4$

5 다음 중 <u>틀린</u> 것을 찾아 보세요.   (   )

① $\dfrac{3}{5} \div 5 = \dfrac{3}{5} \times \dfrac{1}{5} = \dfrac{3}{25}$

② $\dfrac{7}{10} \div 3 = \dfrac{7}{10 \times 3} = \dfrac{7}{30}$

③ $\dfrac{5}{6} \div 5 = \dfrac{5 \div 5}{6} = \dfrac{1}{6}$

④ $16 \times \dfrac{1}{4} = 16 \div 4 = 4$

⑤ $\dfrac{9}{10} \div 6 = \dfrac{9}{5} \div 3 = \dfrac{3}{5}$

6 빈칸에 알맞은 수를 써넣으세요.

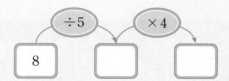

7 빈칸에 알맞은 수를 써넣으세요.

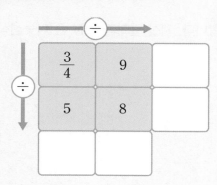

8 계산 결과를 비교하여 ○ 안에 >, =, <를 알맞게 써넣으세요.

(1) $\dfrac{3}{4} \div 5$ ○ $\dfrac{5}{8} \div 4$

(2) $2\dfrac{5}{12} \div 5$ ○ $1\dfrac{3}{4} \div 2$

9 나눗셈의 몫이 큰 것부터 차례대로 기호를 써 보세요.

ㄱ $4\dfrac{9}{14} \div 5$　　ㄴ $3\dfrac{2}{3} \div 4$

ㄷ $2\dfrac{5}{6} \div 3$　　ㄹ $1\dfrac{3}{7} \div 2$

(　　　　　　)

10 어떤 수를 4로 나누어야 할 것을 잘못하여 곱했더니 $2\dfrac{2}{5}$가 되었습니다. 바르게 계산한 값을 구해 보세요.

풀이

(　　　　　　)

11 계산이 잘못된 곳을 찾아 그 이유를 쓰고 바르게 계산해 보세요.

$$2\dfrac{1}{6} \div 4 = \dfrac{13}{\overset{}{\underset{3}{6}}} \times \overset{2}{\cancel{4}} = \dfrac{26}{3} = 8\dfrac{2}{3}$$

이유

바르게 계산

12 밧줄 7 m의 무게가 $\dfrac{11}{10}$ kg입니다. 밧줄 1 m의 무게는 몇 kg인가요?

(　　　　　　)

1 수 카드를 한 번씩만 사용하여 (대분수)÷(자연수)를 계산하려고 합니다. 계산 결과가 가장 큰 나눗셈식을 만들고 계산해 보세요.

2 빈칸에 알맞은 수를 써넣으세요.

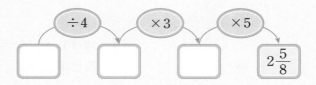

3 다음 삼각형의 넓이는 $6\frac{2}{3}$ cm²입니다. 이 삼각형의 높이가 3 cm일 때, 밑변의 길이는 몇 cm인가요?

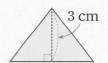
3 cm

풀이

(   )

4 바다네 가족은 쌀을 하루에 두 끼씩 2주 동안 먹었더니 20 kg짜리 한 포대를 다 먹었습니다. 바다네 가족이 한 끼에 먹은 쌀의 양은 얼마일까요?

(   )

5 바다 아버지는 잔디 깎는 기계로 3일 동안 잔디를 깎았습니다. 기계에 넣기 위해 기름을 3통 준비했는데 $\frac{1}{4}$통이 남았으면 하루에 사용한 기름의 양은 얼마일까요?

> **풀이**

(   )

6 어머니는 찰흙 $3\frac{3}{4}$ kg을 세 아들에게 똑같이 나누어 주려고 합니다. 그런데 어머니가 안 계신 사이에 첫째가 찰흙을 3등분 해서 한 덩어리를 가져갔고, 둘째는 남은 찰흙을 3등분 해서 한 덩어리를 가져갔으며, 셋째 역시 남은 찰흙을 3등분 해서 한 덩어리를 가져갔습니다. 삼형제는 찰흙을 각각 몇 kg 가져갔을까요?

> **풀이**

(   )

2 상자의 전개도는 어떤 모양일까요?

각기둥과 각뿔

★ 밑면이 다각형인 입체도형을 분류할 수 있어요.
★ 각기둥의 전개도를 이해하고 그릴 수 있어요.

꼬리에 꼬리를 무는 개념 ✦

직육면체
- 직육면체와 정육면체를 이해하기
- 직육면체의 겨냥도 이해하고 그리기
- 정육면체와 직육면체의 전개도를 이해하고 그리기

4-2-6

원기둥, 원뿔,구
- 원기둥, 원뿔을 이해하고 구분하기
- 원기둥, 원뿔의 구성 요소와 성질 말하기
- 원기둥의 전개도를 이해하고 바르게 그리기

6-1-2

다각형
- 다각형 알아보기
- 정다각형과 대각선 알아보기
- 모양 만들기와 채우기

5-2-5

각기둥과 각뿔
- 각기둥과 각뿔을 이해하고 구분하기
- 각기둥의 전개도를 이해하고 그리기
- 각기둥과 각뿔에서 구성 요소 알기

6-2-6

스스로 계획 짜기 ✏️

1일차	2일차	3일차	4일차	5일차
_____ 월 _____ 일	_____ 월 _____ 일	_____ 월 _____ 일	_____ 월 _____ 일	_____ 월 _____ 일

6일차	7일차
_____ 월 _____ 일	_____ 월 _____ 일

기억 1 · 다각형의 이름

- 선분으로만 둘러싸인 도형을 다각형이라고 합니다.
- 다각형은 변의 수에 따라 변이 3개이면 삼각형, 변이 4개이면 사각형, 변이 5개이면 오각형 등으로 부릅니다.
- 변의 길이가 모두 같고 각의 크기가 모두 같은 다각형을 정다각형이라고 합니다.

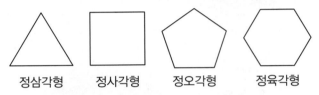

정삼각형 정사각형 정오각형 정육각형

1 다각형인 것에 ○표, 다각형이 아닌 것에 ×표 하고, 그 이유를 써 보세요.

도형				
○, ×				
이유				

2 정오각형을 모두 찾아 ○표 해 보세요.

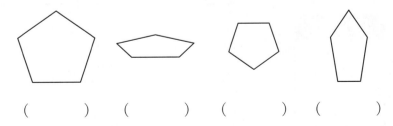

(   )   (   )   (   )   (   )

3 ☐ 안에 알맞은 수나 말을 써넣으세요.

(1) 직육면체의 꼭짓점은 ☐개입니다.

(2) 직육면체의 면은 ☐개이고, 모두 [   ]입니다.

(3) 직육면체의 모서리는 ☐개입니다.

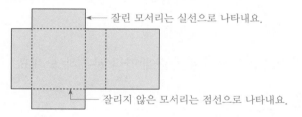
4 직육면체의 전개도에 ○표 해 보세요.

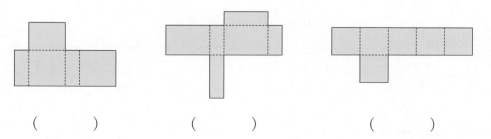

(   )   (   )   (   )

입체도형을 어떻게 분류할 수 있나요?

1 하늘이는 책상 위에 있는 여러 가지 입체도형을 관찰하고 탐구해 보려고 해요.

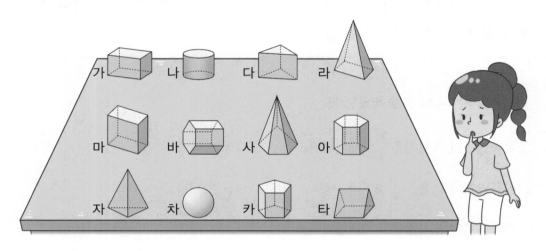

(1) 입체도형을 분류하기 위한 분류 기준을 3개 써 보세요.

-
-
-

(2) 분류 기준을 2개 정해서 기준에 따라 분류해 보세요.

분류 기준 _____

분류		
입체도형		

분류 기준 _____

분류		
입체도형		

2 다각형으로만 되어 있는 입체도형을 분류해 보려고 해요.

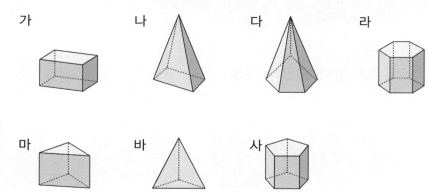

가 나 다 라

마 바 사

(1) 분류 기준을 정하고 분류해 보세요.

분류 기준 _____

분류		
입체도형		

(2) 분류 활동을 통해 알게 된 점을 설명해 보세요.

1 입체도형의 공통점과 차이점을 알아보세요.

ㄱ 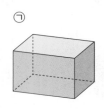   ㄴ 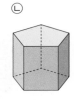   ㄷ   ㄹ

공통점	차이점

개념 정리

      와 같은 입체도형을 각기둥이라고 합니다.

2 각기둥에서 색칠된 면과 만나지 않는 면을 찾아보세요.

(1) 각기둥에서 색칠된 면과 만나지 않는 면을 색칠해 보세요.

 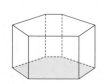

(2) 색칠된 면과 만나지 않는 면을 찾으면서 알게 된 것을 써 보세요.

3 각기둥에서 색칠된 면과 만나는 면을 찾아보세요.

(1) 각기둥에서 색칠된 면과 만나는 면을 색칠된 면과 다른 색으로 색칠해 보세요.

 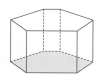

(2) 색칠된 면과 만나는 면을 찾으면서 알게 된 것을 써 보세요.

개념 정리 | **각기둥의 밑면과 옆면**

- **밑면:** 서로 평행하고 합동인 두 면
  > 두 밑면은 나머지 면들과 모두 수직으로 만납니다.

- **옆면:** 두 밑면과 만나는 면
  > 각기둥의 옆면은 모두 직사각형입니다.

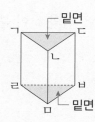 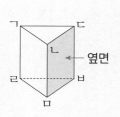

---

4 각기둥의 밑면과 옆면을 모두 찾아 써 보세요.

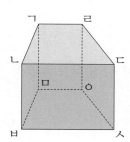

밑면	
옆면	

각기둥의 이름과 높이

각기둥의 이름

각기둥은 밑면의 모양에 따라 삼각기둥, 사각기둥, 오각기둥……이라고 합니다.

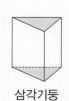

삼각기둥　사각기둥　오각기둥

1 각기둥의 이름을 알아보세요.

(1) 각기둥의 이름을 써 보세요.

  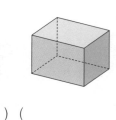 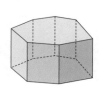 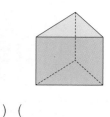

(　　　) (　　　　) (　　　　) (　　　　) (　　　　)

(2) 각기둥의 이름을 위와 같이 붙인 이유를 써 보세요.

2 각기둥의 구성 요소를 알아보세요.

(1) 칠각기둥의 옆면에 대해 알 수 있는 것을 써 보세요.

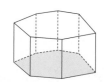

(2) 각기둥의 두 밑면은 서로 평행합니다. 두 밑면 사이의 거리를 알기 위해 어느 부분을 재면 좋을지 써 보세요.

- 모서리: 각기둥에서 면과 면이 만나는 선분
- 꼭짓점: 모서리와 모서리가 만나는 점
- 높이: 두 밑면 사이의 거리

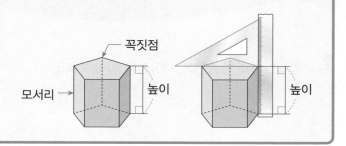

3 각기둥의 면, 모서리, 꼭짓점의 수를 알아보세요.

㉠	㉡	㉢	㉣	㉤
	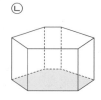			

(1) 각기둥의 면의 개수를 써 보세요.

각기둥	㉠	㉡	㉢	㉣	㉤
면의 개수(개)					

(2) 각기둥의 모서리의 개수를 써 보세요.

각기둥	㉠	㉡	㉢	㉣	㉤
모서리의 개수(개)					

(3) 각기둥의 꼭짓점의 개수를 써 보세요.

각기둥	㉠	㉡	㉢	㉣	㉤
꼭짓점의 개수(개)					

(4) 각기둥의 면, 모서리, 꼭짓점의 개수를 쉽게 구하는 방법을 써 보세요.

각뿔의 구성 요소

1 입체도형의 공통점과 차이점을 알아보세요.

ㄱ   ㄴ   ㄷ

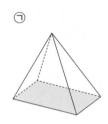 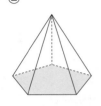 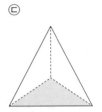

공통점	차이점

개념 정리

    등과 같은 입체도형을 각뿔이라고 합니다.

2 각뿔에서 색칠된 면에 대해 알아보려고 합니다. 각기둥과 비교할 때 각뿔에서만 발견할 수 있는 특징은 무엇인지 써 보세요.

3 각뿔에서 밑면과 만나는 면은 어떤 특징이 있는지 써 보세요.

개념 정리 **각뿔의 밑면과 옆면**

- 밑면: 면 ㄴㄷㄹㅁ과 같은 면
- 옆면: 밑면과 만나는 면
  └── 각뿔의 옆면은 모두 삼각형입니다.

 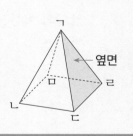

---

4 각뿔의 밑면과 옆면을 모두 찾아 써 보세요.

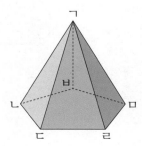

밑면	
옆면	

각뿔의 면, 모서리, 꼭짓점의 수

개념 정리 각뿔의 이름

각뿔은 밑면의 모양에 따라 삼각뿔, 사각뿔, 오각뿔, 육각뿔……이라고 합니다.

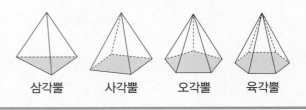

삼각뿔　사각뿔　오각뿔　육각뿔

---

1 각뿔의 이름을 알아보세요.

(1) 각뿔의 이름을 써 보세요.

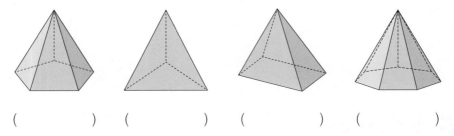

(　　　)　(　　　)　(　　　)　(　　　)

(2) 각뿔의 이름을 위와 같이 붙인 이유를 써 보세요.

---

2 각뿔의 구성 요소를 알아보세요.

(1) 오각뿔의 옆면에 대해 알 수 있는 것을 써 보세요.

(2) 각뿔의 높이는 어떻게 재면 좋을지 써 보세요.

개념 정리 | **각뿔의 구성 요소**

- 모서리: 면과 면이 만나는 선분
- 꼭짓점: 모서리와 모서리가 만나는 점
- 각뿔의 꼭짓점: 옆면이 모두 만나는 점
- 높이: 각뿔의 꼭짓점에서 밑면에 수직인
  선분의 길이

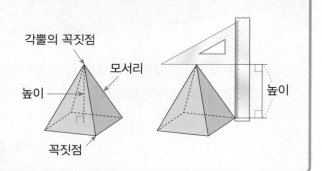

 각뿔의 면, 모서리, 꼭짓점의 수를 알아보세요.

 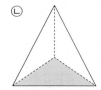 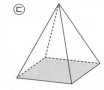 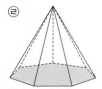

(1) 각뿔의 면의 개수를 써 보세요.

각뿔	㉠	㉡	㉢	㉣
면의 개수(개)				

(2) 각뿔의 모서리의 개수를 써 보세요.

각뿔	㉠	㉡	㉢	㉣
모서리의 개수(개)				

(3) 각뿔의 꼭짓점의 개수를 써 보세요.

각뿔	㉠	㉡	㉢	㉣
꼭짓점의 개수(개)				

(4) 각뿔의 면, 모서리, 꼭짓점의 개수를 쉽게 구하는 방법을 써 보세요.

상자의 전개도는 어떤 모양일까요?

1 강이는 사각기둥 모양의 작은 상자를 만들기 위해서 상자의 면이 되는 직사각형을 여러 개 그렸습니다. 그림을 보고 물음에 답하세요.

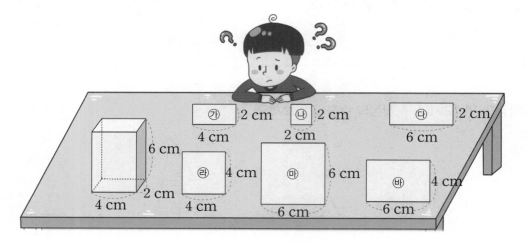

(1) 왼쪽 그림과 같은 사각기둥을 만들기 위해 필요한 직사각형을 모두 고르고 그 이유를 설명해 보세요.

필요한 직사각형	
이유	

(2) 사각기둥의 전개도를 그려 보세요.

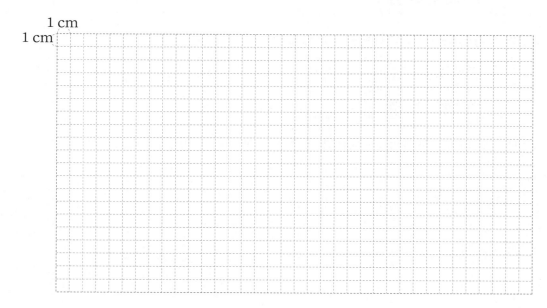

2 산이와 바다는 삼각기둥 모양의 건물 모형을 만들기 위해 삼각기둥의 전개도를 그려서 오리고 접었지만 삼각기둥을 만들 수 없었습니다. 그 이유가 무엇인지 생각해 보세요.

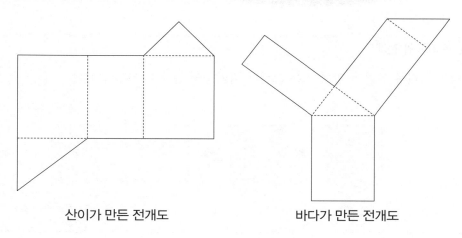

산이가 만든 전개도   바다가 만든 전개도

(1) 산이와 바다가 만든 전개도에서 고쳐야 할 점을 각각 찾아 써 보세요.

산이가 만든 전개도	
바다가 만든 전개도	

(2) 삼각기둥의 전개도를 그릴 때 주의할 점은 무엇인지 써 보세요.

각기둥의 전개도

각기둥의 모서리를 잘라서 펼쳐 놓은 그림을 각기둥의 전개도라고 합니다.

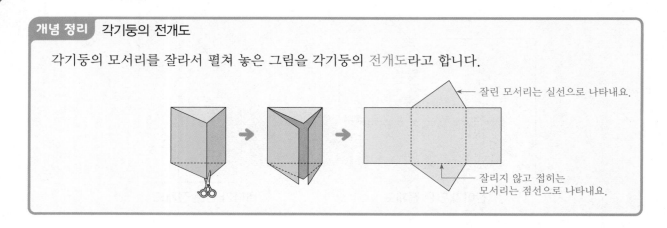

잘린 모서리는 실선으로 나타내요.

잘리지 않고 접히는
모서리는 점선으로 나타내요.

 자를 이용하여 사각기둥의 전개도를 2개 그려 보세요.

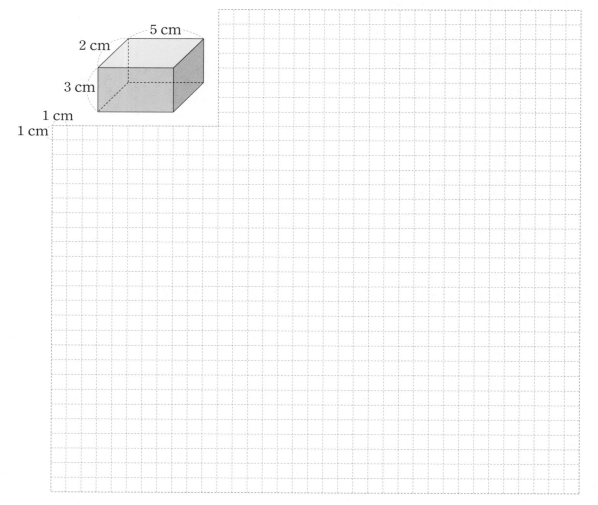

2 자를 이용하여 삼각기둥의 전개도를 2개 그려 보세요.

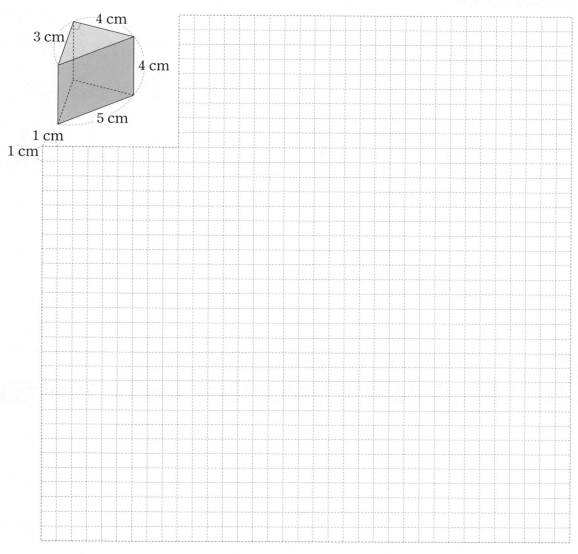

4 cm
3 cm
4 cm
5 cm
1 cm
1 cm

3 각기둥의 전개도를 그릴 때 주의할 점은 무엇인지 써 보세요.

각기둥과 각뿔

스스로 정리 다음 내용을 정리해 보세요.

1 각기둥의 이름을 쓰고 각기둥의 특징을 정리해 보세요.

(   ) (   ) (   ) (   )

특징:

2 각뿔의 이름을 쓰고 각뿔의 특징을 정리해 보세요.

(   ) (   ) (   ) (   )

특징:

개념 연결 뜻이나 성질을 쓰고 빈칸에 알맞은 말을 써넣으세요.

주제	뜻이나 성질 쓰기
다각형	다각형: 다각형의 종류: 정다각형:
직육면체	직육면체:

---

1 밑면이 정사각형인 직육면체를 그리고, 그린 직육면체의 각 면이 어떤 도형인지 친구에게 편지로 설명해 보세요.

1 밑면이 오각형인 각뿔이 있습니다. 각뿔의 면, 모서리, 꼭짓점의 수를 구하고 어떻게 구했는 지 다른 사람에게 설명해 보세요.

2 틀린 문장을 찾아 바르게 고치고 다른 사람에게 설명해 보세요.

> ㉠ 육각기둥의 면은 18개입니다.
>
> ㉡ 각기둥의 면, 모서리, 꼭짓점 중 모서리의 수가 가장 많습니다.
>
> ㉢ 각뿔의 옆면은 모두 삼각형입니다.
>
> ㉣ 각뿔의 두 옆면이 만나는 선분의 길이를 높이라고 합니다.

(   )

바르게 고친 문장 _____

_____

각기둥과 각뿔은
이렇게 연결돼요 ◐◑

다각형
직육면체

각기둥과 각뿔

원기둥, 원뿔,
구

입체도형의 부피와
겉넓이

1 입체도형을 보고 물음에 답하세요.

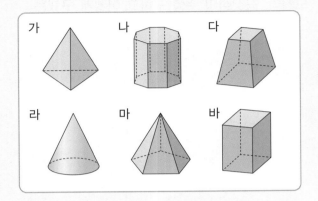

가 나 다
라 마 바

(1) 각기둥을 모두 찾아 기호를 써 보세요.

( )

(2) 각뿔을 모두 찾아 기호를 써 보세요.

( )

2 입체도형의 이름을 써 보세요.

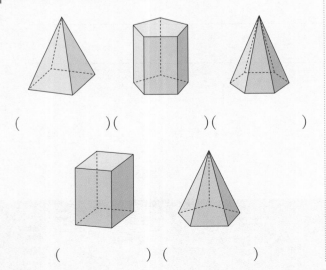

( )( )( )

( ) ( )

3 □ 안에 각 부분의 이름을 써넣으세요.

(1)

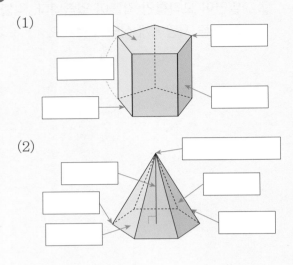

(2)

4 삼각기둥을 보고, 물음에 답하세요.

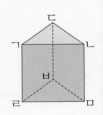

(1) 모서리를 모두 찾아 써 보세요.

_____

_____

(2) 면을 모두 찾아 써 보세요.

_____

_____

(3) 꼭짓점을 모두 찾아 써 보세요.

_____

_____

5 전개도를 보고 물음에 답하세요.

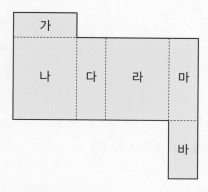

(1) 전개도를 접었을 때 면 바와 평행인 면을 찾아 써 보세요.

( )

(2) 전개도를 접었을 때 면 가와 만나는 면을 모두 써 보세요.

_____

6 전개도를 접었을 때 만들어지는 입체도형의 이름을 쓰고, 그 이유를 설명해 보세요.

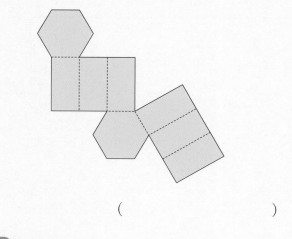

( )

이유 _____

_____

7 입체도형의 꼭짓점, 면, 모서리의 수는 각각 몇 개인지 구해 보세요.

입체도형	팔각기둥	육각뿔
면의 수(개)		
모서리의 수(개)		
꼭짓점의 수(개)		

8 사각기둥의 전개도를 2개 그려 보세요.

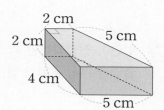

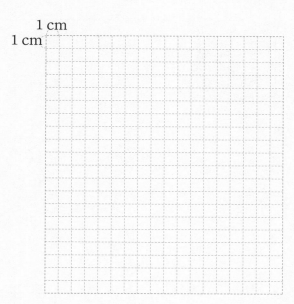

1 각뿔에 대한 설명 중 옳은 것을 모두 찾아 기호를 써 보세요.

> ㉠ 각뿔에서 면과 면이 만나는 선을 모서리라고 합니다.
>
> ㉡ 각뿔의 옆면을 이루는 도형은 직사각형입니다.
>
> ㉢ 각뿔에서 모서리와 모서리가 만나는 점을 면이라고 합니다.
>
> ㉣ 각뿔의 이름은 밑면의 모양에 따라 삼각뿔, 사각뿔, 오각뿔……이라고 합니다.
>
> ㉤ 각뿔의 모서리의 개수는 밑면의 변의 수의 2배입니다.
>
> ㉥ 각뿔의 꼭짓점과 밑면 사이의 거리를 높이라고 합니다.
>
> ㉦ 각뿔의 밑면은 2개입니다.
>
> ㉧ 각뿔의 꼭짓점의 개수는 면의 개수보다 1개 더 많습니다.

(   )

2 밑면이 정팔각형인 각기둥이 있습니다. 강이는 이 팔각기둥을 세로로 잘라서 똑같은 모양의 각기둥 4개를 만들었습니다. 강이가 만든 각기둥은 무엇인지 쓰고 그려 보세요.

(   )

3 산이는 오른쪽 그림과 같은 이등변삼각형 5개를 옆면으로 하여 각뿔을 만든 다음 각뿔의 모든 모서리에 색 테이프를 붙였습니다. 산이가 붙인 색 테이프의 전체 길이는 몇 cm인지 구해 보세요.

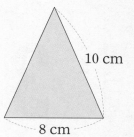

10 cm

8 cm

(   )

풀이

4 강이와 하늘이는 이쑤시개와 스티로폼 공을 이용하여 입체도형을 만들었습니다. 강이와 하늘이가 만든 입체도형의 공통점과 차이점을 써 보세요.

강

나는 이쑤시개 30개와 스티로폼 공 20개로 각기둥을 만들었어.

하늘

나는 이쑤시개 20개와 스티로폼 공 11개로 각뿔을 만들었는데.

공통점   차이점

5 바다는 밑면의 크기가 같은 육각뿔 1개와 육각기둥 1개의 밑면을 이어 붙여 지붕이 뾰족한 건물 모형을 만들었습니다. 이 입체도형의 면의 수와 꼭짓점의 수, 모서리의 수를 구해 보세요. (단, 겉에서 보이는 면의 수를 셉니다.)

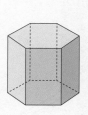

면 (   ), 꼭짓점 (   ), 모서리 (   )

3 페인트 1L로 얼마를 칠할 수 있을까요?

소수의 나눗셈

* 소수를 자연수로 나누는 나눗셈을 할 수 있어요.
* (자연수)÷(자연수)의 몫을 소수로 나타낼 수 있어요.
* 몫을 어림하여 계산이 맞았는지 확인할 수 있어요.

☑ Check

스스로 다짐하기

☐ 정확하고 빠른 것이 중요하지만, 왜 그런지 답할 수 있어야 해요.
☐ 설명하는 글을 쓸 때 다른 사람이 읽고 이해할 수 있게 써 보세요.
☐ 배운 내용을 어디에 사용할 수 있을지 생각해 보세요.

꼬리에 꼬리를 무는 개념 ✦

분수의 나눗셈
- (자연수)÷(자연수)의 몫을 분수로 나타내기
- (분수)÷(자연수)의 몫을 분수로 나타내기
- (분수)÷(자연수)를 곱셈으로 나타내기

소수의 나눗셈
- (소수)÷(소수) 계산하기
- 나눗셈의 몫을 반올림하여 나타내기
- 나누어 주고 남은 양 계산하기

5-2-4

6-1-3

소수의 곱셈
- (소수)×(자연수), (자연수)×(소수), (소수)×(소수)의 계산 원리를 이해하고 계산하기
- 소수의 곱셈에서 곱의 소수점 위치 변화의 원리 이해하고 계산하기

6-1-1

소수의 나눗셈
- (소수)÷(자연수) 계산하기
- (자연수)÷(자연수)의 몫을 소수로 나타내기
- 몫을 어림하여 소수점 위치 확인하기

6-2-2

스스로 계획 짜기 ✏️

1일차	2일차	3일차	4일차	5일차
____월 ____일	____월 ____일	____월 ____일	____월 ____일	____월 ____일

6일차	7일차	8일차
____월 ____일	____월 ____일	____월 ____일

기억 1 분수와 소수의 관계

분모가 10인 분수는 소수 한 자리 수로, 분모가 100인 분수는 소수 두 자리 수로 나타낼 수 있습니다.

1 분수를 소수로, 소수를 분수로 나타내어 보세요.

(1) $\dfrac{7}{10}$ ⇨ (   )

(2) 5.3 ⇨ (   )

(3) $\dfrac{14}{5}$ ⇨ (   )

(4) 0.97 ⇨ (   )

기억 2 소수의 곱셈

방법1 분수의 곱셈으로 계산하기

$$3 \times 0.4 = 3 \times \frac{4}{10} = \frac{3 \times 4}{10} = \frac{12}{10} = 1.2$$

방법2 자연수의 곱셈으로 계산하기

$$3 \times 4 = 12$$
$$3 \times 0.4 = 1.2$$
($\frac{1}{10}$배)

2 두 가지 방법으로 계산해 보세요.

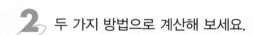

(1) 8 × 0.6

방법1 분수의 곱셈으로 계산하기
방법2 자연수의 곱셈으로 계산하기

(2) 12 × 0.7

방법1 분수의 곱셈으로 계산하기
방법2 자연수의 곱셈으로 계산하기

기억 3 소수에 10, 100, 1000 곱하기

- 소수에 10, 100, 1000을 곱할 때 곱하는 수의 0의 개수만큼 소수점이 오른쪽으로 이동합니다.

3.27×10 ⇨ 3.27 ⇨ 32.7
0이 1개   소수점이 오른쪽으로 1칸 이동

3.27×100 ⇨ 3.27 ⇨ 327
0이 2개   소수점이 오른쪽으로 2칸 이동

- 소수에 0.1, 0.01, 0.001을 곱할 때 곱하는 소수의 소수점 아래 자리 수만큼 소수점이 왼쪽으로 이동합니다.

485×0.1 ⇨ 485. ⇨ 48.5
소수 한 자리 수   소수점이 왼쪽으로 1칸 이동

485×0.01 ⇨ 485. ⇨ 4.85
소수 두 자리 수   소수점이 왼쪽으로 2칸 이동

 3 계산해 보세요.

(1) 5.12×10

　　5.12×100

　　5.12×1000

(2) 280×0.1

　　280×0.01

　　280×0.001

기억 4 (분수)÷(자연수)

$$(분수) \div (자연수) = (분수) \times \frac{1}{(자연수)}$$

(예) $\dfrac{3}{4} \div 5 = \dfrac{3}{4} \times \dfrac{1}{5} = \dfrac{3}{20}$

자연수를 $\dfrac{1}{(자연수)}$ 로 바꿔요.

 4 나눗셈의 몫을 분수로 나타내어 보세요.

(1) $\dfrac{8}{11} \div 5$ ⇨ (　　　　　　　　)　　(2) $\dfrac{2}{7} \div 9$ ⇨ (　　　　　　　　)

재료를 나눈 결과를 어떻게 구할까요?

[1~3] 우리는 누구나 외로움을 느끼는 이웃의 삶에 관심을 갖고 더불어 함께 살아가는 지역 사회를 만들기 위해 노력할 수 있습니다. 하늘이와 강이는 정기적으로 빵을 만들어 홀몸 어르신 가정을 방문하는 '희망의 빵 나눔터'를 찾았습니다.

 빵을 만들기 위해 달걀 24개를 그릇 2개에 똑같이 나누어 담았습니다. 물음에 답하세요.

(1) 그릇 한 개에 담은 달걀은 몇 개인지 구하는 식을 써 보세요.

(2) 그릇 한 개에 담은 달걀은 몇 개인가요? 어떻게 구했는지 써 보세요.

밀가루 1 kg짜리 2자루, 0.1 kg짜리 4자루를 그릇 2개에 똑같이 나누어 담았습니다. 물음에 답하세요.

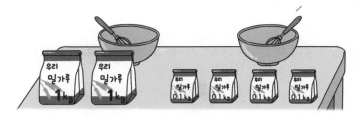

(1) 그릇 한 개에 담은 밀가루는 몇 kg인지 구하는 식을 써 보세요.

(2) 그릇 한 개에 담은 밀가루는 몇 kg인지 문제 1과 같은 방법으로 알아보세요.

3 빵을 만들기 위해 사용한 재료들 사이의 관계를 알아보세요.

(1) 그릇 한 개에 담은 달걀의 개수를 구하는 계산식과 밀가루의 무게를 구하는 계산식을 비교해 보세요.

(2) 알게 된 점을 써 보세요.

자연수의 나눗셈을 이용한 (소수)÷(자연수)

1 종이띠 24.6 cm를 2명이 똑같이 나누어 가지려고 합니다. 물음에 답하세요.

24.6 cm

(1) 한 명이 가질 수 있는 종이띠는 몇 cm인지 구하는 식을 써 보세요.

(2) 그림을 보고 결과를 어림해 보세요.

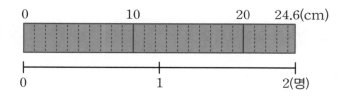

(3) 산이의 설명을 보고 ☐ 안에 알맞은 말을 써넣으세요.

1 cm＝10 mm이므로 24.6 cm＝☐ mm입니다.

☐ ÷2＝☐

한 명이 가질 수 있는 종이띠는 ☐ mm이므로

☐ cm입니다.

산

2 종이띠 2.46 m로 꽃을 2송이 만들 수 있습니다. 물음에 답하세요.

(1) 꽃 한 송이를 만드는 데 필요한 종이띠는 몇 m인지 구하는 식을 써 보세요.

(2) 그림을 보고 결과를 어림해 보세요.

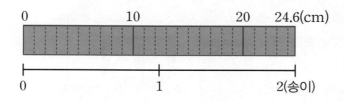

(3) 하늘이의 설명을 보고 ☐ 안에 알맞은 말을 써넣으세요.

> 1 m＝100 cm이므로 2.46 m＝ ☐☐☐☐ cm입니다.
>
> ☐☐☐☐ ÷2＝ ☐☐☐☐
>
> 꽃 한송이를 만드는 데 필요한 종이띠는 ☐☐☐☐ cm이므로
>
> ☐☐☐☐ m입니다.

하늘

3 ☐ 안에 알맞은 수를 써넣으세요.

$\frac{1}{10}$배

$\frac{1}{100}$배

246 ÷2＝ ☐☐☐☐

24.6 ÷2＝ ☐☐☐☐ ☐☐☐배

2.46 ÷2＝ ☐☐☐☐ ☐☐☐배

개념 정리 (소수)÷(자연수)

• 나누어지는 수가 $\frac{1}{10}$배가 되면 몫도 $\frac{1}{10}$배가 됩니다. → 몫의 소수점이 왼쪽으로 1칸 이동

• 나누어지는 수가 $\frac{1}{100}$배가 되면 몫도 $\frac{1}{100}$배가 됩니다. → 몫의 소수점이 왼쪽으로 2칸 이동

페인트 1 L로 얼마를 칠할 수 있을까요?

[1~3] 최근 농촌에서는 오래된 빈집을 정비하여 농촌으로 되돌아오는 사람 등에게 무료로 임대해 주는 '희망 하우스 빈집 재생 사업'을 진행하고 있습니다. 물음에 답하세요.

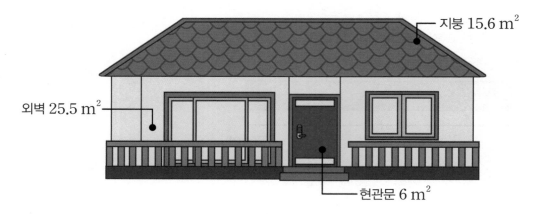

지붕 15.6 m²

외벽 25.5 m²

현관문 6 m²

1 페인트 2 L를 모두 사용하여 현관문 6 m²를 칠했습니다. 페인트 1 L로 칠한 현관문의 넓이는 몇 m²인지 알아보세요.

(1) 구하는 식을 써 보세요.

(2) 계산 결과를 써 보세요.

2 페인트 4 L를 모두 사용하여 지붕 15.6 m²를 칠했습니다. 페인트 1 L로 칠한 지붕의 넓이는 몇 m²인지 알아보세요.

(1) 구하는 식을 써 보세요.

(2) 이미 알고 있는 방법을 이용하여 어떻게 계산할 수 있는지 식을 쓰고 계산해 보세요.

> 방법 1
>
> 방법 2

3 페인트 6 L를 모두 사용하여 외벽 25.5 m²를 칠했습니다. 페인트 1 L로 칠한 외벽의 넓이는 몇 m²인지 알아보세요.

(1) 구하는 식을 써 보세요.

(2) 이미 알고 있는 방법을 이용하여 어떻게 계산할 수 있는지 식을 쓰고 계산해 보세요.

> 방법 1
>
> 방법 2

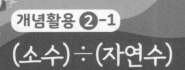
(소수)÷(자연수)

 7.14÷3을 어림하고 어떻게 어림했는지 써 보세요.

 7.14÷3을 계산하는 방법을 알아보세요.

(1) 7.14÷3을 분수의 나눗셈으로 바꾸어 계산하고 계산 방법을 설명해 보세요.

$$7.14 \div 3 = \frac{\boxed{}}{100} \div 3 = \frac{\boxed{} \div 3}{100} = \frac{\boxed{}}{100} = \boxed{}$$

설명 _____

(2) 714÷3을 이용하여 7.14÷3을 계산하고 계산 방법을 설명해 보세요.

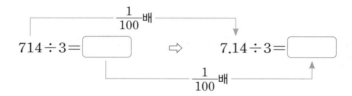

설명 _____

(3) 714÷3을 이용하여 7.14÷3을 세로로 계산하고 계산 방법을 설명해 보세요.

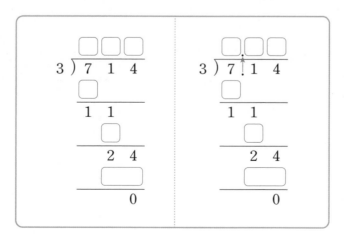

설명 _____

3 문제 **1**에서 어림한 결과와 문제 **2**에서 계산한 결과를 비교하여 계산한 결과의 소수점의 위치가 알맞은지 확인해 보세요.

4 계산해 보세요.

(1) $35.56 \div 7$

(2) $1.65 \div 5$

개념 정리 (소수)÷(자연수)

(소수)÷(자연수)에서 몫의 소수점은 나누어지는 수의 소수점을 올려 찍습니다. 이때 자연수 부분이 비어 있으면 일의 자리에 0을 씁니다.

• $14.52 \div 6$의 계산

방법 1

$$14.52 \div 6 = \frac{1452}{100} \div 6$$
$$= \frac{1452 \div 6}{100}$$
$$= \frac{242}{100}$$
$$= 2.42$$

방법 2

$$\begin{array}{r} 2.42 \\ 6\overline{)1\,4.5\,2} \\ \underline{1\,2} \\ 2\,5 \\ \underline{2\,4} \\ 1\,2 \\ \underline{1\,2} \\ 0 \end{array}$$

• $3.42 \div 6$의 계산

방법 1

$$3.42 \div 6 = \frac{342}{100} \div 6$$
$$= \frac{342 \div 6}{100}$$
$$= \frac{57}{100}$$
$$= 0.57$$

방법 2

$$\begin{array}{r} 0.57 \\ 6\overline{)3.4\,2} \\ \underline{3\,0} \\ 4\,2 \\ \underline{4\,2} \\ 0 \end{array}$$

소수점 아래 0을 내려서 계산해야 하는 (소수)÷(자연수)

1 19.5÷6을 어림하고 어떻게 어림했는지 써 보세요.

2 19.5÷6을 계산하는 방법을 알아보세요.

(1) 19.5÷6을 분수의 나눗셈으로 바꾸어 계산하고 계산 방법을 설명해 보세요.

- $19.5 \div 6 = \dfrac{195}{10} \div 6 =$ _____

- $19.5 \div 6 = \dfrac{1950}{100} \div 6 =$ _____

설명 _____

(2) 1950÷6을 이용하여 19.5÷6을 계산하고 계산 방법을 설명해 보세요.

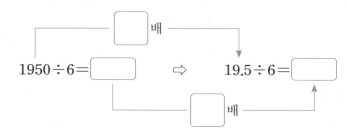

설명 _____

(3) 1950÷6을 이용하여 19.5÷6을 세로로 계산하고 계산 방법을 설명해 보세요.

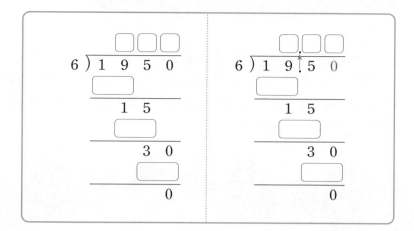

설명

 문제 **1**에서 어림한 결과와 문제 **2**에서 계산한 결과를 비교하여 계산한 결과의 소수점의 위치가 알맞은지 확인해 보세요.

4 계산해 보세요.

(1) 17.8÷5

(2) 33.4÷4

개념 정리 소수점 아래 0을 내려서 계산해야 하는 (소수)÷(자연수)

• 9.4÷4의 계산

방법 1 몫을 분수로 나타내기

$$9.4 \div 4 = \frac{940}{100} \div 4$$

$$= \frac{940 \div 4}{100}$$

$$= \frac{235}{100}$$

$$= 2.35$$

방법 2 몫을 분수로 나타내기

```
      2 . 3 5
  4 ) 9 . 4 0   ← 계산이 끝나지 않으면
      8              0을 내려 계산합니다.
    ─────
      1 4
      1 2
    ─────
        2 0
        2 0
      ─────
          0
```

67

한 명이 가질 수 있는 리본의 길이는 몇 m인가요?

1 강이가 사는 지역에서는 매년 6월 5일 세계 환경의 날에 지역민에게 묘목을 선물하는 '초록 리본 릴레이' 행사가 열립니다. 묘목에 자신의 희망을 적은 초록 리본을 달고 묘목을 심는 것으로 숲을 조성하는 데 참여할 수 있습니다. 초록 리본 6 m를 5명이 똑같이 나누어 가지려고 합니다. 한 명이 가질 수 있는 리본은 몇 m인지 알아보세요.

(1) 구하는 식을 써 보세요.

(2) 계산 결과를 자연수로 나타낼 수 있나요? 그 이유를 써 보세요.

(3) 계산 결과를 어떻게 나타낼 수 있나요?

2 6÷5를 여러 가지 방법으로 계산하여 몫을 소수로 나타내어 보세요.

(1) 앞에서 배운 (소수)÷(자연수)는 어떻게 계산할 수 있나요?

(2) (소수)÷(자연수)의 계산 방법을 바탕으로 (자연수)÷(자연수)의 몫을 소수로 나타내는 방법을 예상해 보세요.

(3) 예상한 방법대로 6÷5를 계산해 보세요.

방법1

방법2

(자연수)÷(자연수)의 몫을 소수로 나타내기

1 7÷4를 어림하고 어떻게 어림했는지 써 보세요.

2 7÷4를 계산하는 방법을 알아보세요.

(1) 나눗셈의 몫을 분수로 나타낸 다음, 소수로 나타내어 보세요.

$$7 \div 4 = \frac{\boxed{}}{4} = \frac{\boxed{}}{4 \times \boxed{}} = \frac{\boxed{}}{100} = \boxed{}$$

(2) 700÷4를 이용하여 7÷4를 계산하고 계산 방법을 설명해 보세요.

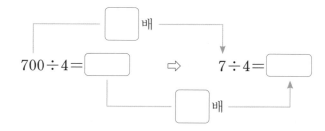

설명 _____

(3) 700÷4를 이용하여 7÷4를 세로로 계산하고 계산 방법을 설명해 보세요.

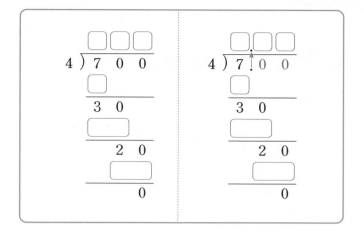

설명

3 문제 **1**에서 어림한 결과와 문제 **2**에서 계산한 결과를 비교하여 계산한 결과의 소수점의 위치가 알맞은지 확인해 보세요.

4 계산해 보세요.

(1) 13÷5

(2) 2÷8

개념 정리 (자연수)÷(자연수)의 몫을 소수로 나타내기

• 9÷5의 계산

방법1 몫을 분수로 나타내기

$$9÷5=\frac{9}{5}$$

분모가 10, 100, 1000이 되도록 분모와 분자에 같은 수를 곱해요.

$$=\frac{18}{10}$$

$$=1.8$$

방법2 몫을 분수로 나타내기

```
    1.8
5)9.0
  5
  ─────
  4 0
  4 0
  ─────
    0
```

몫의 소수점은 자연수 바로 뒤에 올려 찍습니다.

소수의 나눗셈

스스로 정리 나눗셈을 2가지 방법으로 계산해 보세요.

1 소수를 분수로 고쳐 계산하기

$8.4 \div 3$

2 나눗셈을 세로로 계산하기

$34.6 \div 5$

개념 연결 문제를 해결해 보세요.

주제	고치거나 계산하기
분수와 소수	분수를 소수로, 소수를 분수로 나타내어 보세요. (1) $\dfrac{27}{100}$ (2) $\dfrac{8}{5}$ (3) 0.88 (4) 1.2
분수의 나눗셈	분자를 나누는 방법을 이용하여 나눗셈의 몫을 분수로 나타내어 보세요. (1) $\dfrac{8}{15} \div 2$ (2) $\dfrac{8}{15} \div 3$

1 분수의 나눗셈의 계산 방법을 이용하여 소수의 나눗셈을 계산하고, 어떻게 계산했는지 친구에게 편지로 설명해 보세요.

$8.4 \div 5$

1 몫을 어림하여 올바른 식을 찾고, 어떻게 찾았는지 다른 사람에게 설명해 보세요.

⊙ 319.2÷7＝0.456

ⓒ 319.2÷7＝4.56

ⓒ 319.2÷7＝45.6

ⓒ 319.2÷7＝456

2 4장의 수 카드 중 3장을 골라 가장 작은 소수 한 자리 수를 만들고, 남은 수 카드의 수로 나누었을 때 몫은 얼마인지 구하고 다른 사람에게 설명해 보세요.

1   2   4   8

소수의 나눗셈은
이렇게 연결돼요

 6-1
(분수)÷(자연수)

 6-1
(소수)÷(자연수)

 6-2
(분수)÷(분수)

 6-2
(소수)÷(소수)

1 계산해 보세요.

(1) $9.31 \div 7$ (2) $25.38 \div 6$

2 $45.98 \div 19$를 계산한 식입니다. 알맞은 위치에 소수점을 찍어 보세요.

```
        2 □ 4 □ 2
   1 9 ) 4 5 . 9 8
         3 8
           7 9
           7 6
             3 8
             3 8
               0
```

3 빈칸에 알맞은 수를 써넣으세요.

$\div$

21	25	
27	12	

4 큰 수를 작은 수로 나눈 몫을 구해 보세요.

56.7	14

(   )

5 관계있는 것끼리 이어 보세요.

$13.5 \div 6$ •

$192.48 \div 24$ •

• 8.02

• 2.25

• 7.02

6 보기 와 같은 방법으로 계산해 보세요.

보기

$$5 \div 4 = \frac{5}{4} = \frac{125}{100} = 1.25$$

$3 \div 8 =$

7 잘못 계산한 곳을 찾아 바르게 계산해 보세요.

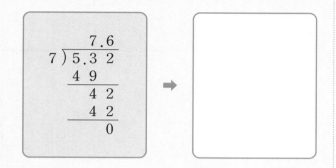

$\Rightarrow$

8 계산 결과를 비교하여 ○ 안에 >, =, <를 알맞게 써넣으세요.

$$41.2 \div 8 \bigcirc 8.6 \div 5$$

9 몫을 어림하여 1보다 작은 나눗셈을 모두 찾아 기호를 써 보세요.

| ㉠ $4.24 \div 4$ | ㉡ $4.86 \div 6$ |
| ㉢ $7.55 \div 5$ | ㉣ $6.03 \div 9$ |

( )

10 둘레가 22.4 m인 정사각형 모양의 꽃밭을 만들려고 합니다. 한 변의 길이를 몇 m로 해야 할까요?

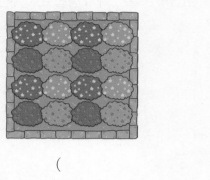

( )

11 3장의 수 카드 중 2장을 골라 가장 큰 소수 한 자리 수를 만들고, 남은 수 카드의 수로 나누었을 때 몫은 얼마인가요?

( )

12 휘발유 21 L를 자동차 5대에 똑같이 나누어 넣으려고 합니다. 차 한 대에 넣어야 하는 휘발유는 몇 L일까요?

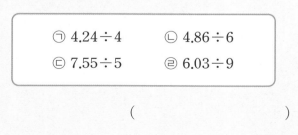

( )

1 21.45÷3을 2가지 방법으로 계산해 보세요.

방법 1

방법 2

2 ☐ 안에 들어갈 수 있는 자연수는 모두 몇 개인가요?

$$54.9 \div 15 > \boxed{}$$

(   )

3 어떤 수에 9를 곱했더니 7.65가 되었습니다. 어떤 수를 구하는 풀이 과정을 쓰고 답을 구해 보세요.

풀이

(   )

4 어림셈하여 알맞은 위치에 소수점을 찍고 그 이유를 써 보세요.

$$32.13 \div 7 \quad [\text{몫}] \ 4\boxed{}5\boxed{}9$$

> 이유 _____

> _____

5 바다는 번개를 보고 나서 9초 후에 천둥소리를 들었습니다. 소리를 들은 곳이 번개가 친 곳으로부터 3.15 km 떨어진 곳이라면 소리는 1초 동안 몇 km를 갔을까요?

(   )

6 연료 1 L로 가장 멀리까지 달린 자동차는 ㉮, ㉯, ㉰ 중 어느 것인가요?

자동차	달린 거리	사용한 연료의 양
㉮	81.38 km	13 L
㉯	33.4 km	4 L
㉰	63 km	12 L

(   )

4 줄넘기한 시간과 소모된 열량을 어떻게 비교할까요?

비와 비율

★ 두 수를 비로 나타내어 비교할 수 있어요.

★ 비율을 분수, 소수, 백분율로 나타낼 수 있고, 비율이 사용되는 경우를 찾을 수 있어요.

✓ Check

스스로 다짐하기

☐ 정확하고 빠른 것이 중요하지만, 왜 그런지 답할 수 있어야 해요.

☐ 설명하는 글을 쓸 때 다른 사람이 읽고 이해할 수 있게 써 보세요.

☐ 배운 내용을 어디에 사용할 수 있을지 생각해 보세요.

꼬리에 꼬리를 무는 개념 ✦

약분과 통분
- 크기가 같은 분수
- 분수를 약분하고 기약분수로 나타내기
- 분수를 통분하기
- 분수의 크기를 비교하기
- 분수와 소수의 관계를 알아보기

여러 가지 그래프
- 그림그래프로 나타내기
- 띠그래프, 원그래프를 알아보고 나타내기
- 자료의 목적에 맞는 그래프로 나타내기

5-1-3

6-1-4

규칙과 대응
- 대응 관계의 의미를 알고, 대응 관계인 두 양을 찾기
- 대응 관계를 □, △ 등을 사용하여 식으로 나타내기
- 규칙적인 배열에서 대응관계 탐구하기

5-1-4

비와 비율
- 두 수를 비교하기
- 비의 개념을 알고, 비율을 분수, 소수로 나타내기
- 비율을 백분율로 나타내기
- 비율이 사용되는 경우 알아보기

6-1-5

스스로 계획 짜기 ✏️

1일차	2일차	3일차	4일차	5일차
_____ 월 _____ 일	_____ 월 _____ 일	_____ 월 _____ 일	_____ 월 _____ 일	_____ 월 _____ 일

6일차	7일차
_____ 월 _____ 일	_____ 월 _____ 일

대응 관계에서
규칙을 찾아
설명하기

대응 관계를
식으로 나타내기

약분과 통분

기억 1 | 대응 관계에서 규칙을 찾아 설명하기

나는 삼각형 조각과 마름모 조각으로
대응 관계를 만들었어.

삼각형 조각의 수가 항상 마름모 조각의 수보다 1개 더 많습니다.

1 □ 안에 알맞은 수나 말을 써넣으세요.

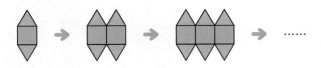

삼각형 조각의 수가 항상 사각형 조각의 수의 □배입니다.

기억 2 | 대응 관계를 식으로 나타내기

자전거 한 대의 바퀴는 2개입니다. 자전거 수와 바퀴 수 사이의 대응 관계를 표를 이용하여 나타
내면 아래와 같습니다.

자전거 수(대)	1	2	3	4	⋯
바퀴 수(개)	2	4	6	8	⋯

자전거 수를 ○, 바퀴 수를 □라고 할 때, 두 양 사이의 대응 관계를 식으로 나타내면 ○×2=□
입니다.

친구 한 명에게 사탕을 3개씩 나누어 주려고 합니다. 물음에 답하세요.

(1) 빈칸을 채워 친구의 수와 사탕의 수 사이의 대응 관계를 알아보세요.

친구의 수(명)	1	2	3	4	5		⋯
사탕의 수(개)	3	6			15	18	⋯

(2) 친구의 수를 △, 사탕의 수를 □라고 할 때, 두 양 사이의 대응 관계를 식으로 나타내어 보세요.

 _____

기억 3 **약분과 통분**

분모와 분자를 공약수로 나누어 간단한 분수를 만드는 것을 약분한다고 합니다.

공약수로 약분

$$\frac{4}{12}=\frac{4\div2}{12\div2}=\frac{2}{6} \Rightarrow \frac{\overset{2}{\cancel{4}}}{\underset{6}{\cancel{12}}}=\frac{2}{6}$$

최대공약수로 약분

$$\frac{4}{12}=\frac{4\div4}{12\div4}=\frac{1}{3} \Rightarrow \frac{\overset{1}{\cancel{4}}}{\underset{3}{\cancel{12}}}=\frac{1}{3}$$

분수의 분모를 같게 하는 것을 통분한다고 하고, 통분한 분모를 공통분모라고 합니다.

$$\left(\frac{5}{6}, \frac{4}{9}\right) \Rightarrow \left(\frac{5\times3}{6\times3}, \frac{4\times2}{9\times2}\right) \Rightarrow \left(\frac{15}{18}, \frac{8}{18}\right)$$

---

3 약분해 보세요.

(1) $\dfrac{6}{18}=\dfrac{\square}{6}$

(2) $\dfrac{6}{18}=\dfrac{\square}{3}$

4 두 분수를 통분해 보세요.

(1) $\left(\dfrac{2}{3}, \dfrac{5}{6}\right) \Rightarrow \left(\dfrac{\square}{6}, \dfrac{\square}{6}\right)$

(2) $\left(\dfrac{4}{7}, \dfrac{5}{12}\right) \Rightarrow \left(\boxed{}, \boxed{}\right)$

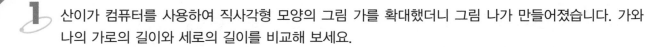

생각열기 1

줄넘기한 시간과 소모된 열량을 어떻게 비교할까요?

1 산이가 컴퓨터를 사용하여 직사각형 모양의 그림 가를 확대했더니 그림 나가 만들어졌습니다. 가와 나의 가로의 길이와 세로의 길이를 비교해 보세요.

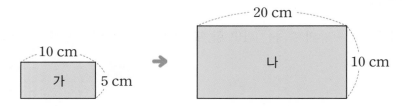

(1) 서로 다른 두 길이를 어떤 방법으로 비교할 수 있나요?

(2) 가의 가로의 길이와 세로의 길이를 뺄셈과 나눗셈으로 비교해 보세요.

(3) 나의 가로의 길이와 세로의 길이를 뺄셈과 나눗셈으로 비교해 보세요.

(4) 직사각형의 가로와 세로를 뺄셈으로 비교한 경우와 나눗셈으로 비교한 경우는 어떤 차이가 있나요?

2 하늘이가 줄넘기한 시간과 소모된 열량을 기록한 표를 보고 줄넘기한 시간과 소모된 열량을 비교해 보세요.

줄넘기한 시간(분)	10	20	30	40
소모된 열량(kcal)	44	88	132	176

(1) 줄넘기한 시간과 소모된 열량을 어떻게 비교할까요?

(2) 줄넘기할 때 소모된 열량에서 줄넘기한 시간을 뺄셈하여 비교해 보세요.

(3) 줄넘기할 때 소모된 열량을 줄넘기한 시간으로 나눗셈하여 비교해 보세요.

(4) 줄넘기한 시간과 소모된 열량의 관계를 알아볼 때 뺄셈과 나눗셈 중 어떤 방법이 좋을지 생각해 보고, 이유를 설명해 보세요.

두 수 비교하기(비)

1 공장에서 인형 600개를 만들면 그중 10개는 불량품입니다. 전체 인형의 수와 불량품의 수를 비교해 보세요.

(1) 전체 인형의 수와 불량품의 수를 뺄셈으로 비교해 보세요.

(2) 전체 인형의 수와 불량품의 수를 나눗셈으로 비교해 보세요.

개념 정리 비(두 수 비교하기)

• 비: 두 수를 나눗셈으로 비교하기 위해 기호 : 을 사용하여 나타낸 것

두 수 3과 5를 비교할 때 3 : 5라 쓰고 3 대 5라고 읽습니다.

• 비를 여러 가지 방법으로 읽기

3 : 5
┌ 3 대 5
├ 3과 5의 비
├ 3의 5에 대한 비
└ 5에 대한 3의 비

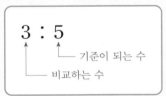

(3) 전체 인형의 수에 대한 불량품의 수의 비는 얼마인가요?

(4) 전체 인형의 수에 대한 불량품의 수의 비를 어떻게 읽나요?

 하늘이는 친구들과 함께 바자회를 열고 판매 금액 1000원 당 200원을 기부하기로 했습니다. 기부 금액과 판매 금액을 비교해 보세요.

(1) 기부 금액과 판매 금액을 비교하기 위한 표를 완성해 보세요.

판매 금액(원)	1000			4000	5000	……
기부 금액(원)	200	400	600		1000	……

(2) 판매 금액에 대한 기부 금액의 비를 써 보세요.

(3) 판매 금액에 대한 기부 금액의 비를 읽어 보세요.

(4) 하늘이는 판매 금액에 대한 기부 금액의 비를 1000 : 200으로도 나타낼 수 있다고 생각했습니다. 하늘이의 생각이 맞을까요? 왜 그렇게 생각하는지 이유를 써 보세요.

하늘이의 생각은 (맞습니다 , 틀립니다).

 이유

누가 더 잘 던진다고 볼 수 있나요?

 바다는 언니와 농구공 넣기 놀이를 하고 전체 던진 횟수 중 농구공이 들어간 횟수를 표로 나타냈어요.

이름	바다	언니
전체 던진 횟수(회)	25	20
들어간 횟수(회)	6	5

(1) 바다의 전체 던진 횟수에 대한 들어간 횟수의 비를 써 보세요.

(2) 언니의 전체 던진 횟수에 대한 들어간 횟수의 비를 써 보세요.

(3) 바다가 공을 던져서 들어간 횟수는 전체 던진 횟수의 몇 배인가요? 또 골 성공률은 얼마인가요?

(4) 언니가 공을 던져서 들어간 횟수는 전체 던진 횟수의 몇 배인가요? 또 골 성공률은 얼마인가요?

(5) 누구의 골 성공률이 더 높은가요?

2 사탕을 사기 위해 ㉮ 가게와 ㉯ 가게의 사탕 가격과 할인 금액을 나타낸 표를 보고 있어요.

	사탕 가격(원)	할인 금액(원)
㉮ 가게	2500	400
㉯ 가게	4000	600

(1) 사탕을 더 많이 할인해서 판매하는 가게는 어디인가요? 그렇게 생각한 이유를 써 보세요.

(2) ㉮의 할인 금액은 사탕 가격의 몇 배인가요? 또 할인율을 분수와 소수로 각각 나타내어 보세요.

(3) ㉯의 할인 금액은 사탕 가격의 몇 배인가요? 또 할인율을 분수와 소수로 각각 나타내어 보세요.

(4) 할인율이 더 높은 가게는 어디인가요? 그 이유를 설명해 보세요.

(5) 사탕의 할인율을 더 쉽게 비교하려면 어떻게 해야 할까요?

비율의 뜻과 활용

1 강이네 반 학생은 모두 25명이고, 그중 안경을 쓴 학생은 8명입니다. 물음에 답하세요.

(1) 반 학생 수에 대한 안경 쓴 학생 수의 비는 얼마인가요?

(2) 안경을 쓴 학생 수는 반 학생 수의 몇 배인지 구하려고 합니다. 누구의 말이 옳은지 찾고 그 이유를 설명해 보세요.

> **바다:** □=(안경을 쓴 학생 수)÷(반 학생 수)로 구해야 해.
>
> **하늘:** □=(반 학생 수)÷(안경을 쓴 학생 수)로 구해야 해.

(   )

이유 _____

_____

(3) 안경을 쓴 학생 수는 반 학생 수의 몇 배인지 분수와 소수로 각각 나타내어 보세요.

분수 (   ), 소수 (   )

개념 정리 비율

- **기준량**: 비 10 : 20에서 기호 :의 오른쪽에 있는 수 20

  비교하는 양: 비 10 : 20에서 기호 :의 왼쪽에 있는 수 10

- **비율**: 기준량에 대한 비교하는 양의 크기

  (비율)=(비교하는 양)÷(기준량)

  $$=\frac{(비교하는\ 양)}{(기준량)}$$

$$10 : 20$$
비교하는 양　기준량

비 ⇨ 10 : 20

비율 ⇨ $\dfrac{10}{20}$ 또는 0.5

2 서울과 제주도의 인구와 넓이를 조사한 표를 보고 두 지역의 넓이에 대한 인구의 비율을 비교해 보세요. (비율은 반올림하여 자연수로 나타내고 계산기를 사용하세요.)

지역	서울	제주도
인구(명)	9857000	657000
넓이(km²)	605	1850

(출처: 지방자치단체 행정 구역 및 인구 현황, 행정안전부, 2017)

(1) 두 지역 중 인구가 더 밀집한 곳은 어디인지 쓰고, 이유를 설명해 보세요.

더 밀집한 곳 (   )

이유 _____

_____

(2) 서울의 넓이에 대한 인구의 비율은 얼마인가요?

(   )

(3) 제주도의 넓이에 대한 인구의 비율은 얼마인가요?

(   )

(4) 인구가 밀집한 정도를 계산할 때 $\dfrac{(인구)}{(넓이)}$ 가 $\dfrac{(넓이)}{(인구)}$ 보다 더 타당한 이유는 무엇인가요?

백분율

1 알뜰 시장에서 책은 50권 중 30권이 판매되었고, 인형은 20개 중 11개가 판매되었습니다. 물음에 답하세요.

(1) 책과 인형의 판매율을 비교하려면 어떻게 해야 하나요?

(2) 만약 책이 100권 있었다면 몇 권이 판매된 것일까요?

(   )

(3) 만약 인형이 100개 있었다면 몇 개가 판매된 것일까요?

(   )

(4) 판매율이 더 높은 것은 어느 것인가요? 그 이유를 써 보세요.

(   )

이유

개념 정리 백분율

• 백분율: 기준량을 100으로 할 때의 비율로 기호 %를 사용하여 나타냅니다.

비율 $\dfrac{85}{100}$ ⇨ **쓰기** 85 %   **읽기** 85퍼센트

2 6학년 학생 100명을 대상으로 체험 학습 희망 장소를 조사했습니다. 각 장소별 희망하는 학생 수의 비율을 비교해 보세요.

장소	직업 체험관	동물원	미술관
학생 수(명)	48	33	19

(1) 6학년 학생 수에 대한 직업 체험관에 가고 싶어 하는 학생 수의 비율은 몇 %인가요?

( )

(2) 6학년 학생 수에 대한 동물원에 가고 싶어 하는 학생 수의 비율은 몇 %인가요?

( )

(3) 6학년 학생 수에 대한 미술관에 가고 싶어 하는 학생 수의 비율은 몇 %인가요?

( )

(4) 6학년 학생들은 체험 학습을 어디로 가면 좋을까요? 그 이유를 써 보세요.

( )

이유 _____

_____

_____

개념 정리 비율을 백분율로 나타내는 방법

방법 1 기준량이 100인 비율로 나타내기

$\dfrac{17}{25}$ → $\boxed{\dfrac{17}{25} = \dfrac{68}{100}}$ → 68 %
비율   백분율

방법 2 비율에 100 곱하기

$\dfrac{17}{25}$ → $\boxed{\dfrac{17}{25} \times 100}$ → 68 %
비율   백분율

비와 비율

스스로 정리 비와 비율의 뜻을 써 보세요.

1 비의 뜻

2 비율의 뜻

개념 연결 문제를 해결해 보세요.

주제	계산하거나 식으로 나타내기
크기가 같은 분수	크기가 같은 분수를 2개씩 써 보세요. (1) $\dfrac{2}{5}$ (2) $\dfrac{4}{24}$

대응 관계

(1) 걸린 시간과 움직인 거리 사이의 대응 관계를 나타낸 표를 완성해 보세요.

시간(분)	1	2	3	5	10
거리(m)	60	120			

(2) 시간을 □, 거리를 △라고 할 때, □와 △ 사이의 관계를 식으로 나타내어 보세요.

---

1 두 사람의 빠르기를 구하여 누가 더 빠른지 찾고, 친구에게 편지로 설명해 보세요.

	시간(분)	거리(m)
산	2	100
바다	5	400

1 우리 반 대표로 축구 페널티킥 선수를 한 명 뽑으려고 합니다. 페널티킥 성공률이 가장 높은 학생을 찾고, 어떻게 찾았는지 다른 사람에게 설명해 보세요.

이름	페널티킥 횟수(회)	성공 횟수(회)
기혁	30	21
홍민	20	17
승용	10	8

2 6학년 1반 학생들이 놀이공원으로 소풍을 갑니다. 놀이공원 입장료는 15000원인데 학급 전체가 가면 9000원을 내고 들어갈 수 있습니다. 몇 %를 할인받는 것인지 구하고, 어떻게 구했는지 다른 사람에게 설명해 보세요.

비와 비율은
이렇게 연결돼요

5-1
약분과 통분

6-1
비, 비율, 백분율

6-1
비율그래프

6-2
비례식,
비례배분

1 빈칸에 알맞은 수를 써넣으세요.

비	비교하는 양	기준량
11 : 4		

2 ☐ 안에 알맞은 수나 말을 써넣으세요.

11 : 30에서 ☐ 은 기준량이고 ☐ 은 비교하는 양입니다. 기준량에 대한 비교하는 양의 크기를 ☐ 이라고 합니다.

3 비 7 : 10의 비율을 분수와 소수로 각각 나타내어 보세요.

분수 (   )

소수 (   )

4 기준량이 3인 것을 모두 찾아 기호를 써 보세요.

㉠ 2 : 3
㉡ 3과 6의 비
㉢ 5의 3에 대한 비
㉣ 10에 대한 3의 비

(   )

5 그림을 보고 ☐ 안에 알맞은 수를 써넣으세요.

(1) 김밥 수와 도넛 수의 비 ⇨ ☐ : ☐

(2) 김밥 수에 대한 도넛 수의 비 ⇨ ☐ : ☐

6 비를 잘못 읽은 것을 모두 찾아 보세요. (   )

5 : 10

① 5와 10의 비
② 5 대 10
③ 10과 5의 비
④ 5에 대한 10의 비
⑤ 10에 대한 5의 비

7 비율을 백분율로 나타내려고 합니다. ☐ 안에 알맞은 수를 써넣으세요.

$$\frac{1}{4} \Rightarrow \frac{1}{4} \times \boxed{} = \boxed{} \ (\%)$$

8 0.63을 기호 %를 사용하여 백분율로 나타내어 보세요.

(   )

9 하늘이는 100 m를 달리는 데 21초가 걸렸습니다. 빈칸을 채워 보세요.

(1) 걸린 시간에 대한 달린 거리의 비율을 구할 때 기준량은 [   ]입니다.

(2) 하늘이가 100 m를 달리는 데 걸린 시간에 대한 거리의 비율을 분수로 나타내면

$$\frac{(비교하는\ 양)}{(기준량)} = \frac{[\quad]}{[\quad]} \text{입니다.}$$

10 관계있는 것끼리 선으로 이어 보세요.

0.68	•	•	23 %
$\frac{3}{4}$	•	•	75 %
$\frac{23}{100}$	•	•	68 %

11 비율이 나머지 넷과 <u>다른</u> 하나를 찾아 보세요.

(   )

① $\frac{7}{20}$ ② 7 대 20

③ 20 : 7 ④ $\frac{35}{100}$

⑤ 0.35

12 백분율을 읽거나 백분율로 나타내어 보세요.

(1) 69 % ⇨ [   ]

(2) 13퍼센트 ⇨ [   ]

13 비율의 크기를 비교하여 ○ 안에 >, =, <를 알맞게 써넣으세요.

$$\frac{21}{25} \quad \bigcirc \quad 86\ \%$$

14 원래 가격이 32000원인 장난감을 할인받아 24000원에 샀으면 장난감의 할인율은 몇 %인가요?

(   )

15 강이는 퀴즈 대회에서 전체 50문제 중 40문제를 맞혔습니다. 정답률은 백분율로 얼마인가요?

(   )

16 산이가 빵을 만들기 위해 밀가루 12컵에 물 3컵을 넣어 반죽을 만들었습니다. 밀가루 양에 대한 물 양의 비율을 소수로 나타내어 보세요.

(   )

1 비율의 크기를 비교하여 ○ 안에 >, =, <를 알맞게 써넣으세요.

2.037 ○ 203 %

2 전체에 대한 색칠한 부분의 비가 1 : 5가 되도록 색칠해 보세요.

3 기준량이 비교하는 양보다 큰 비의 비율을 모두 찾아 써 보세요.

0.98   94 %   112 %   2.01

(   )

4 어느 공장에서 생산되는 인형의 불량품의 비율은 전체의 $\frac{11}{250}$이고, 불량품은 판매할 수 없습니다. 이 공장에서 오늘 생산된 인형이 750개라면 불량품의 수와 판매할 수 있는 인형의 수는 각각 몇 개인가요?

불량품 (   ), 판매할 수 있는 인형 (   )

5 독서 퀴즈 대회에 참가한 학생은 모두 60명입니다. 그중 45명이 본선에 진출하지 못했을 때, 대회에 참가한 전체 학생 수에 대한 본선에 진출한 학생 수의 비율을 기약분수로 나타내어 보세요.

풀이

(   )

6 식품의 저지방 표시는 지방이 식품의 3 % 미만일 때 사용합니다. 가와 나 우유 중 저지방 우유는 무엇인가요?

가
우유 500 g 중
지방 10 g 포함

나
우유 450 g 중
지방 18 g 포함

풀이

(   )

7 문방구에서 모든 상품을 25 % 할인하여 판매하고 있습니다. 정가가 다음과 같을 때 모든 문구류를 각각 하나씩 사면 전체 금액에서 얼마를 할인받고, 얼마를 지불하면 될까요?

4000원
연필 세트

6000원
색연필 세트

10000원
필통

풀이

전체 할인 금액 (   ), 지불 금액 (   )

5 비율도 그래프로 나타낼 수 있나요?

여러 가지 그래프

★ 실생활 자료를 그림그래프로 나타낼 수 있어요.

★ 백분율로 나타낸 띠그래프, 원그래프를 이해하고, 그릴 수 있어요.

★ 자료를 목적에 맞는 그래프로 나타내고, 그래프를 해석할 수 있어요.

꼬리에 꼬리를 무는 개념 ✦

비와 비율
- 두 수를 비교하기
- 비의 개념을 알고, 비율을 분수, 소수로 나타내기
- 비율을 백분율로 나타내기
- 비율이 사용되는 경우 알아보기

통계
- 자료의 정리와 해석
- 줄기와 잎 그림
- 도수분포표, 히스토그램, 상대도수
- 도수분포다각형

4-2-5

6-1-5

꺾은선그래프
- 꺾은선그래프를 알아보기
- 꺾은선그래프를 그리기
- 꺾은선그래프를 보고 의사결정 하기

6-1-4

여러 가지 그래프
- 그림그래프로 나타내기
- 띠그래프, 원그래프를 알아보고 나타내기
- 자료의 목적에 맞는 그래프로 나타내기

중1

스스로 계획 짜기 ✏️

1일차	2일차	3일차	4일차	5일차
＿＿월 ＿＿일	＿＿월 ＿＿일	＿＿월 ＿＿일	＿＿월 ＿＿일	＿＿월 ＿＿일

6일차	7일차
＿＿월 ＿＿일	＿＿월 ＿＿일

기억 1 그림그래프

학급별 학생 수

학급	1반	2반	3반
학생 수	☺☺ ☺☺☺	☺☺ ☺☺	☺☺ ☺☺☺☺☺

☺ 10명
☺ 1명

그림그래프: 조사한 수를 그림으로 나타낸 그래프

 표를 그림그래프로 나타내어 보세요.

우리 학년 학생들이 읽고 싶은 책의 종류

	동화책	위인전	과학책	역사책	합계
학생 수(명)	19	17	20	24	80

우리 학년 학생들이 읽고 싶은 책의 종류

종류	학생 수
동화책	
위인전	
과학책	
역사책	

☐ 10명
☐ 1명

기억 2 막대그래프와 꺾은선그래프

올림픽에 참가한 우리나라 선수 수

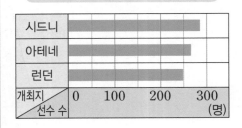

산이의 키

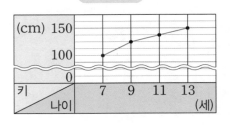

막대그래프: 조사한 자료를 막대 모양으로 나타낸 그래프

꺾은선그래프: 수량을 점으로 표시하고, 그 점들을 선분으로 이어 그린 그래프

100

2 막대그래프를 보고 알 수 있는 내용을 2가지 써 보세요.

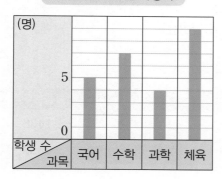

좋아하는 과목별 학생 수

3 꺾은선그래프로 나타내기에 알맞은 자료를 2가지 써 보세요.

- 비율: 기준량에 대한 비교하는 양의 크기

  (비율)＝(비교하는 양)÷(기준량)＝$\dfrac{(비교하는 양)}{(기준량)}$

- 백분율: 기준량을 100으로 할 때의 비율

  백분율은 기호 %를 사용하여 나타냅니다.

  비율 $\dfrac{85}{100}$ ⇨ (쓰기) 85 % (읽기) 85퍼센트

비 ⇨ 10 : 20

비율 ⇨ $\dfrac{10}{20}$ 또는 0.5

 전교 학생회장 선거 투표에 250명이 참여했을 때 각 후보의 득표율을 구해 보세요.

	득표수	득표율(%)
산	105	
하늘	135	
무효표	10	

환경에 대한 자료를 어떻게 그림그래프로 나타낼까요?

1 산이는 환경에 대한 자료를 조사하다가 다음과 같은 자료를 찾았어요.

국가별 이산화탄소 배출량

국가	배출량(백만 톤)	국가	배출량(백만 톤)	국가	배출량(백만 톤)
호주	392	브라질	416	러시아	1438
중국	9101	대한민국	589	미국	4833

(1) 자료를 그래프로 나타내려면 어떤 그래프가 좋을까요? 그 이유를 써 보세요.

(2) 자료를 막대그래프와 그림그래프로 나타냈습니다. 두 그래프를 살펴보고 자료를 그림그래프로 나타냈을 때의 장점과 단점을 써 보세요.

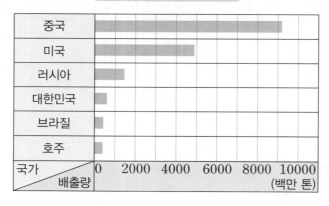

장점

단점

(3) (2)의 그림그래프를 보고 알 수 있는 내용을 3가지 써 보세요.

(4) 자료를 그림그래프로 나타냈을 때와 표로 나타냈을 때의 차이점을 2가지 써 보세요.

 다음 그림그래프를 보고 알 수 있는 내용을 3가지 써 보세요.

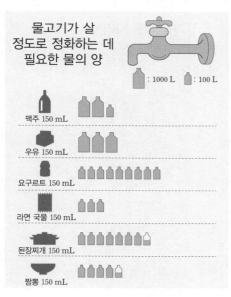

그림그래프를 그리고 해석하기

1 국가별 이동전화 가입자 수를 조사하여 그림그래프로 나타냈어요.

국가별 이동전화 가입자 수

(출처: 국가통계포털, 2018)

(1) ●와 •는 각각 몇 명을 나타내나요?

　　　　　　　　　　　　●(　　　　　　　　　), •(　　　　　　　　　)

(2) 이동전화 가입자 수가 가장 많은 나라와 가장 적은 나라는 각각 어디인가요?

　　　　　　가장 많은 나라(　　　　　　　　　), 가장 적은 나라(　　　　　　　　　)

(3) 그림그래프를 보고 더 알 수 있는 내용을 2가지 써 보세요.

(4) 그림그래프의 특징을 2가지 써 보세요.

2 우리나라 권역별 초등학교 수를 그림그래프로 나타내려고 해요.

2019년도 권역별 초등학교 수

권역	학교 수(개)
서울 · 인천 · 경기	2134
광주 · 전라	1003
강원	349
대구 · 부산 · 울산 · 경상	1624
대전 · 세종 · 충청	864
제주	113

(1) 그림그래프를 2가지 단위로 나타내려면 초등학교 수를 어떻게 해야 할까요?

(2) 그림그래프로 나타내기 위해 학교 수의 단위와 필요한 그림을 정해 보세요.

학교 수(개)		
그림		

(3) 표를 보고 그림그래프로 나타내어 보세요.

(4) 그림그래프를 보고 알 수 있는 내용을 2가지 써 보세요.

개념 정리 그림그래프의 특징

• 그림의 크기로 많고 적음을 알 수 있습니다.

• 복잡한 자료를 간단하게 보여 줍니다.

• 자료를 한눈에 보기 쉽게 정리하여 표현할 수 있습니다.

체육 활동의 비율도 그래프로 나타낼 수 있나요?

[1~6] 우리 지역 10대와 20대가 좋아하는 체육 활동을 조사했어요.

10대와 20대가 좋아하는 체육 활동

종류	구기	무도	생활 운동	기타	합계
10대(명)	90	40	110	10	250
20대(명)	45	24	75	6	150

1 바다가 자료를 보고 이야기한 것이 맞는지 틀린지 표시하고, 이유를 써 보세요.

바다

> 우리 지역에서 구기를 좋아하는 10대의 비율은 20대의 비율의 2배야.

바다의 의견은 (맞습니다 , 틀립니다).

왜냐하면, _____

2 10대와 20대가 좋아하는 체육 활동의 비율을 비교하려면 어떻게 해야 할까요?

3 다음 그래프를 보고 특징을 2가지 써 보세요.

10대와 20대가 좋아하는 체육 활동

0 10 20 30 40 50 60 70 80 90 100 (%)

| 10대 | 구기 (36 %) | 무도 (16 %) | 생활 운동 (44 %) | |

기타(4 %)

0 10 20 30 40 50 60 70 80 90 100 (%)

| 20대 | 구기 (30 %) | 무도 (16 %) | 생활 운동 (50 %) | |

기타(4 %)

4. 문제 **3**의 그래프를 보고 알 수 있는 내용을 3가지 써 보세요.

5. 바다는 문제 **3**의 그래프를 아래와 같은 모양으로 나타냈습니다. 두 그래프의 공통점과 차이점을 찾아 써 보세요.

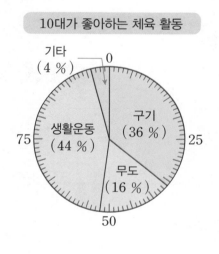

10대가 좋아하는 체육 활동

공통점

차이점

 6. 자료를 문제 **3**, 문제 **5**와 같은 그래프로 나타내기 위해서 무엇을 해야 하는지 써 보세요.

띠그래프 그리기

[1~5] 바다네 학급 학생들이 좋아하는 운동을 조사하여 정리했어요.

좋아하는 운동

이름	종류	이름	종류	이름	종류	이름	종류	이름	종류
현찬	축구	창아	줄넘기	호철	축구	승연	야구	민서	야구
지호	축구	혜성	피구	예솔	수영	지연	피구	민진	피구
은총	줄넘기	바다	축구	정원	줄넘기	사랑	피구	윤지	달리기
선호	축구	서진	농구	혜원	축구	서연	야구	축복	농구

1 조사한 내용을 표로 나타내어 보세요.

좋아하는 운동별 학생 수

종류	축구	야구				기타	합계
학생 수(명)							

2 기타에 넣은 운동의 종류는 무엇인가요? ( )

개념 정리 띠그래프를 알 수 있어요.

띠그래프: 전체에 대한 각 부분의 비율을 띠 모양에 나타낸 그래프

빌린 책의 권수

0 10 20 30 40 50 60 70 80 90 100 (%)

과학 (28 %)	문학 (20 %)	수학 (22 %)	언어 (20 %)	기타 (10 %)

자료를 띠그래프로 나타내는 방법	① 자료를 보고 각 항목의 백분율을 구합니다. ② 각 항목의 백분율의 합계가 100 %가 되는지 확인합니다. ③ 각 항목이 차지하는 백분율의 크기만큼 선을 그어 띠를 나눕니다. ④ 나눈 부분에 각 항목의 내용과 백분율을 씁니다. ⑤ 그래프의 제목을 씁니다.
특징	– 전체에 대한 각 부분의 비율을 한눈에 알아볼 수 있습니다. – 각 항목끼리의 비율을 쉽게 비교할 수 있습니다.

3 전체 학생 수에 대한 좋아하는 운동별 학생 수의 백분율을 구하려고 해요.

좋아하는 운동별 학생 수

종류	축구	야구				기타	합계
학생 수(명)							
백분율(%)							

(1) 전체 학생 수에 대한 축구를 좋아하는 학생 수의 백분율과 야구를 좋아하는 학생 수의 백분율을 각각 구해 보세요.

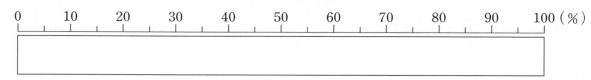

축구 $\dfrac{6}{20} \times 100 = \boxed{}$ (%)   야구 $\dfrac{\boxed{}}{\boxed{}} \times 100 = \boxed{}$ (%)

(2) 전체 학생 수에 대한 좋아하는 운동의 종류별 학생 수의 백분율을 구해 표를 완성해 보세요.

(3) 백분율의 합계는 얼마인가요?

4 전체 학생 수에 대한 좋아하는 운동의 종류별 학생 수의 비율을 띠그래프로 나타내려고 해요.

좋아하는 운동별 학생 수

```
0    10    20    30    40    50    60    70    80    90   100 (%)
```

(1) 각 항목이 차지하는 백분율의 크기만큼 선을 그어 띠를 나누어 보세요.

(2) 나눈 부분에 각 항목의 내용과 백분율을 써 보세요.

5 띠그래프를 보고 알 수 있는 내용을 3가지 써 보세요.

원그래프 그리기

[1~4] 산이네 학교 학생들이 실천하고 있는 환경 보호 활동을 조사했습니다. 물음에 답하세요.

환경 보호 활동별 학생 수

종류	쓰레기 분리수거	음식물 남기지 않기	가까운 거리 걸어 다니기	일회용품 사용 줄이기	기타	합계
학생 수(명)	36	48	60	84	12	240
백분율(%)						

 1 전체 학생 수에 대한 환경 보호 활동별 학생 수의 비율을 한눈에 알아보려면 어떻게 해야 할까요?

개념 정리 원그래프를 알 수 있어요.

원그래프: 전체에 대한 각 부분의 비율을 원 모양에 나타낸 그래프

좋아하는 문화재별 학생 수

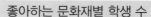

자료를 원그래프로 나타내는 방법

① 자료를 보고 각 항목의 백분율을 구합니다.

② 각 항목의 백분율의 합계가 100 %가 되는지 확인합니다.

③ 각 항목이 차지하는 백분율의 크기만큼 선을 그어 원을 나눕니다.

④ 나눈 부분에 각 항목의 내용과 백분율을 씁니다.

⑤ 원그래프의 제목을 씁니다.

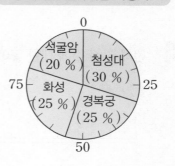

특징	– 전체에 대한 각 부분의 비율을 한눈에 알아볼 수 있습니다. – 각 항목끼리의 비율을 쉽게 비교할 수 있습니다.

---

2 전체 학생 수에 대한 환경 보호 활동별 학생 수의 백분율을 구하려고 해요.

(1) 전체 학생 수에 대한 쓰레기 분리수거하기에 응답한 학생 수의 백분율을 구해 보세요.

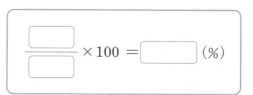

$$\frac{\boxed{}}{\boxed{}} \times 100 = \boxed{} \ (\%)$$

(2) 전체 학생 수에 대한 환경 보호 활동별 학생 수의 백분율을 구해 표를 완성해 보세요.

(3) 백분율의 합계가 100 %가 되는지 확인해 보세요.

 3 전체 학생 수에 대한 환경 보호 활동별 학생 수의 비율을 원그래프로 나타내려고 해요.

(1) 각 항목이 차지하는 백분율의 크기만큼 선을 그어 원을 나누어 보세요.

(2) 나눈 부분에 각 항목의 내용과 백분율을 써 보세요.

환경 보호 활동별 학생 수

4 원그래프를 보고 알 수 있는 내용을 3가지 써 보세요.

5 원그래프와 띠그래프의 공통점과 차이점을 써 보세요.

공통점 _____

차이점 _____

여러 가지 그래프 비교하기

1 여러 가지 그래프를 보고 물음에 답하세요.

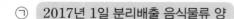

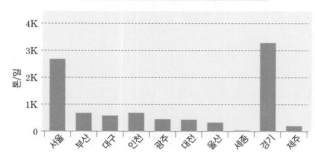

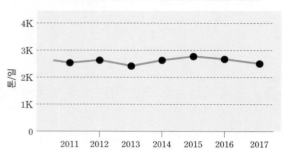

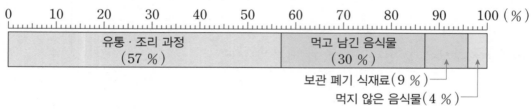

(출처: 국가통계포털, 환경부 환경통계포털)

(1) 각 그래프를 보고 알 수 있는 내용을 2개씩 써 보세요.

ㄱ

ㄴ

ㄷ

(2) 각 그래프의 특징을 써 보세요.

ㄱ

ㄴ

ㄷ

2 어느 도시의 폐기물 처리 방법을 나타낸 그림그래프입니다. 물음에 답하세요.

폐기물 처리 방법

소각		매립	

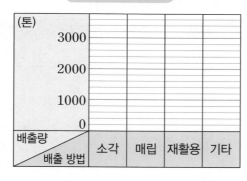

🛍 1000톤
🛍 100톤

(1) 표를 완성해 보세요.

폐기물 처리 방법

처리 방법	소각	매립	재활용	기타	합계
배출량(톤)					
백분율(%)					

(2) 막대그래프로 나타내어 보세요.

폐기물 처리 방법

(3) 원그래프로 나타내어 보세요.

폐기물 처리 방법

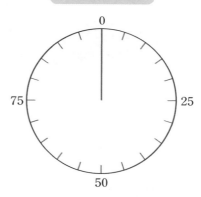

(4) 띠그래프로 나타내어 보세요.

폐기물 처리 방법

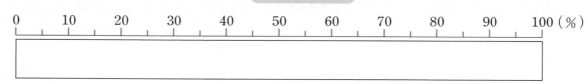

(5) 자료를 그림그래프와 원그래프로 나타냈을 때의 좋은 점을 각각 써 보세요.

그림그래프 _____

원그래프 _____

여러 가지 그래프

스스로 정리 | 여러 가지 그래프의 특징을 정리해 보세요.

1 그림그래프

2 띠그래프

3 원그래프

개념 연결 | 표에서 알 수 있는 것을 쓰고, 백분율의 뜻을 써 보세요.

주제	표에서 알 수 있는 것과 백분율의 뜻 쓰기
표 해석하기	다음 표에서 알 수 있는 것을 2가지 써 보세요.

방학 동안 하고 싶은 일별 학생 수

종류	여행	운동	독서	휴식	기타	합계
학생 수(명)	12	1	3	3	1	20

(1)

(2)

백분율	백분율:

📄1 위의 표를 원그래프로 나타내고 그 과정을 친구에게 편지로 설명해 보세요.

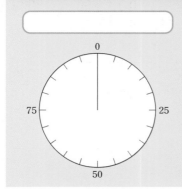

1 우리 학교 6학년 학생들의 장래 희망을 조사한 표입니다. 띠그래프로 나타내고 그 과정을 다른 사람에게 설명해 보세요.

장래 희망별 학생 수

장래 희망	인공지능 전문가	선생님	연예인	요리사	기타	합계
학생 수(명)	30	54	18	12	6	120

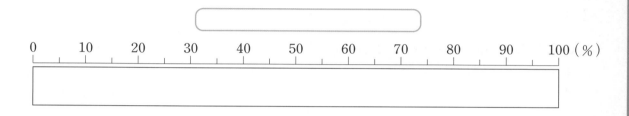

2 우리 반 학생 20명을 대상으로 좋아하는 문화재를 조사하여 원그래프로 나타냈습니다. 알 수 있는 내용을 3가지 쓰고 다른 사람에게 설명해 보세요.

좋아하는 문화재별 학생 수

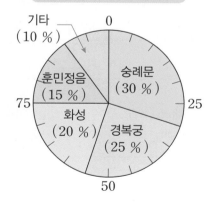

여러 가지 그래프는
이렇게 연결돼요

막대그래프
꺾은선그래프

비와 비율

여러 가지 그래프

중학교
[수학 1]
히스토그램

1 바다네 지역에서 초등학교 6학년 학생들을 대상으로 방과 후 하고 싶은 활동을 조사했어요.

방과 후 하고 싶은 활동

하고 싶은 활동	휴식	숙제	방과후학교	운동	합계
학생 수 (명)	875	750	250	625	2500
백분율 (%)					

(1) 표를 보고 알 수 있는 내용을 2가지 써 보세요.

(2) 자료를 그림그래프로 나타내어 보세요.

방과 후 하고 싶은 활동

하고 싶은 활동	학생 수
휴식	
숙제	
방과후학교	
운동	

☐ ☐ 명 ☐ 10명

(3) 자료를 띠그래프로 나타내려고 합니다. 전체 학생 수에 대한 방과 후 하고 싶은 활동별 학생 수의 백분율을 구하여 표를 완성해 보세요.

- 휴식: $\dfrac{875}{2500} \times 100 = \boxed{}$ (%)

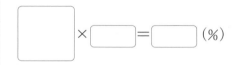

- 숙제: $\dfrac{\boxed{}}{2500} \times 100 = \boxed{}$ (%)

- 방과후학교:

$\boxed{} \times \boxed{} = \boxed{}$ (%)

- 운동:

$\boxed{} \times \boxed{} = \boxed{}$ (%)

(4) 띠그래프로 나타내어 보세요.

방과 후 하고 싶은 활동

0 10 20 30 40 50 60 70 80 90 100 (%)

(5) 띠그래프를 보고 알 수 있는 내용을 2가지 써 보세요.

2 강이는 6학년 학생들을 대상으로 키우고 싶은 동물을 조사했어요.

(1) 표를 완성하고 원그래프로 나타내어 보세요.

키우고 싶은 동물

동물	강아지	햄스터	고양이	기타	합계
학생 수 (명)	100	50	75	25	250
백분율 (%)					

키우고 싶은 동물

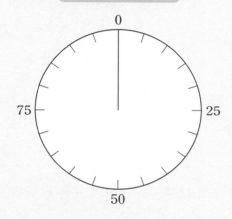

(2) 원그래프를 보고 알 수 있는 내용을 2가지 써 보세요.

3 연도에 따른 연령별 인구 구성비를 나타낸 그래프입니다. 물음에 답하세요.

연령별 인구 구성비

(1) 그래프를 보고 알 수 있는 내용을 써 보세요.

(2) 2035년 우리나라의 연령별 인구 구성비를 예상하여 써 보세요.

4 자료를 그래프로 나타낼 때 어떤 그래프가 좋을지 보기에서 찾아 써 보세요.

> **보기**
>
> 그림그래프, 막대그래프, 꺾은선그래프,
> 띠그래프, 원그래프

자료	그래프
우리나라의 연도별 미세 먼지 농도 변화	
국가별 생물종의 수	
재활용품 분리수거 비율	

1 산이네 지역에서 학생들을 대상으로 여름 방학에 가고 싶은 장소를 조사했습니다. 물음에 답하세요.

여름 방학에 가고 싶은 장소

장소	수영장	바다	계곡	놀이동산	기타	합계
학생 수(명)		336		126	42	840
백분율(%)	30					

(1) 여름 방학에 수영장에 가고 싶은 학생과 계곡에 가고 싶은 학생은 몇 명인지 풀이 과정을 쓰고 구해 보세요.

수영장에 가고 싶은 학생

계곡에 가고 싶은 학생

(2) 전체 학생 수에 대한 여름 방학에 가고 싶은 장소별 학생 수의 백분율을 구하여 표를 완성해 보세요.

(3) 자료를 띠그래프로 나타내어 보세요.

여름 방학에 가고 싶은 장소

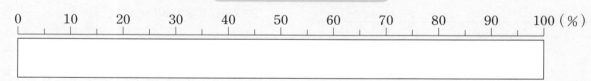

0   10   20   30   40   50   60   70   80   90   100 (%)

(4) 그래프를 보고 알 수 있는 내용을 3가지 써 보세요.

2 공동 주택에 거주하는 사람들이 늘어나면서 층간 소음 문제가 커지고 있습니다. 층간 소음 스트레스 발생 원인을 조사한 자료입니다. 물음에 답하세요.

층간 소음 스트레스 발생 원인

원인	아이들이 뛰는 소음	기계 소음	어른이 걷는 소음	악기 소리	기타	합계
사람 수(명)	392	280	224	168	56	1120
백분율(%)						

(1) 백분율을 구하여 표를 완성해 보세요.

(2) 자료를 원그래프로 나타내어 보고, 원그래프를 보고 알 수 있는 내용을 2가지 써 보세요.

층간 소음 스트레스 발생 원인

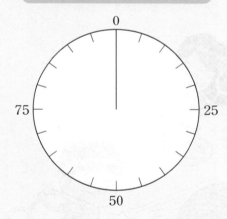

(3) 그래프를 보고 층간 소음 스트레스를 줄일 수 있는 방안을 2가지 써 보세요.

6 포장지를 얼마나 준비해야 하나요?

직육면체의 부피와 겉넓이

✸ 두 직육면체 상자의 크기를 비교할 때, 부피와 겉넓이로 비교할 수 있어요.

✸ 부피 단위인 1 cm³로 직육면체의 부피를 구할 수 있어요.

☑ Check
**스스로
다짐하기**

□ 정확하고 빠른 것이 중요하지만, 왜 그런지 답할 수 있어야 해요.

□ 설명하는 글을 쓸 때 다른 사람이 읽고 이해할 수 있게 써 보세요.

□ 배운 내용을 어디에 사용할 수 있을지 생각해 보세요.

꼬리에 꼬리를 무는 개념

각기둥과 각뿔
- 각기둥과 각뿔을 이해하고 구분하기
- 각기둥의 전개도를 이해하고 그리기
- 각기둥과 각뿔에서 구성 요소 알기

공간과 입체
- 여러 방향에서 바라보기
- 다양한 방법으로 쌓기나무의 모양과 개수 알아보기
- 쌓기나무로 여러 가지 모양 만들기

5-2-5   6-1-6

직육면체
- 직육면체와 정육면체를 이해하기
- 직육면체의 겨냥도 이해하고 그리기
- 정육면체와 직육면체의 전개도를 이해하고 그리기

6-1-2

직육면체의 부피와 겉넓이
- 임의 단위로 직육면체의 부피 비교하기
- 1 cm^3, 1 m^3를 알고 관계 이해하기
- 직육면체의 부피를 구하기
- 직육면체의 겉넓이를 구하기

6-2-3

스스로 계획 짜기

1일차	2일차	3일차	4일차	5일차
＿＿월 ＿＿일	＿＿월 ＿＿일	＿＿월 ＿＿일	＿＿월 ＿＿일	＿＿월 ＿＿일

6일차
＿＿월 ＿＿일

5-1 평면도형의 넓이

 5-2 직육면체의 전개도

 6-1 각기둥의 구성 요소와 전개도

기억 1 평면도형의 넓이

넓이의 표준 단위(cm^2, m^2)

$1\ cm^2$: 한 변의 길이가 1 cm인 정사각형의 넓이

쓰기 $1\ cm^2$ **읽기** 1 제곱센티미터

1 cm
1 cm $1\ cm^2$

$1\ m^2$: 한 변의 길이가 1 m인 정사각형의 넓이

쓰기 $1\ m^2$ **읽기** 1 제곱미터

1 m
1 m $1\ m^2$

평면도형의 넓이

• (직사각형의 넓이)＝(가로)×(세로)

• (삼각형의 넓이)＝(밑변의 길이)×(높이)÷2

• (평행사변형의 넓이)＝(밑변의 길이)×(높이)

---

1 평면도형의 넓이를 구해 보세요.

(1) 직사각형의 넓이

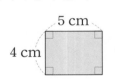

식 _____

답 _____

(2) 정사각형의 넓이

식 _____

답 _____

(3) 평행사변형의 넓이

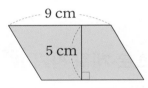

식 _____

답 _____

(4) 삼각형의 넓이

식 _____

답 _____

(5) 마름모의 넓이

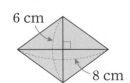

식 _____

답 _____

(6) 사다리꼴의 넓이

식 _____

답 _____

- 색칠한 두 면처럼 계속 늘여도 만나지 않는 두 면을 서로 평행하다고 합니다. 이 두 면을 직육면체의 밑면이라고 합니다.

  직육면체에는 평행한 면이 3쌍 있고, 이 평행한 면은 각각 밑면이 될 수 있습니다.

- 밑면과 수직인 면을 직육면체의 옆면이라고 합니다.

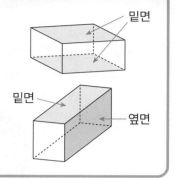

 직육면체의 전개도를 보고 물음에 답하세요.

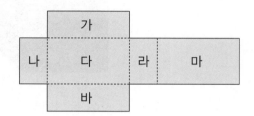

(1) 전개도를 접었을 때 면 **다**와 평행한 면을 찾아 써 보세요.　(　　　　　　　)

(2) 전개도를 접었을 때 면 **라**와 수직인 면을 모두 찾아 써 보세요.　(　　　　　　)

- 모서리: 면과 면이 만나는 선분
- 꼭짓점: 모서리와 모서리가 만나는 점
- 높이: 두 밑면 사이의 거리

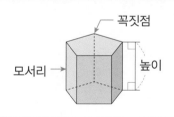

 입체도형을 보고 구성 요소의 이름과 개수를 써넣으세요.

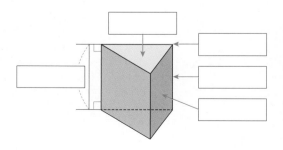

구성 요소	개수(개)
밑면	
꼭짓점	
모서리	
옆면	

공간에서 차지하는 크기를 어떻게 잴까요?

1 바다와 산이는 직육면체 모양의 장난감 상자를 각각 선물로 받았습니다. 두 상자가 공간에서 차지하는 크기를 비교해 보세요.

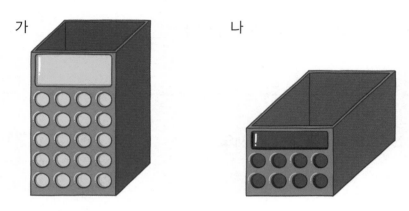

가 나

(1) 장난감이 더 많이 들어가는 상자는 어느 것일까요?

(2) 왜 그렇게 생각하나요?

(3) 장난감 상자가 공간에서 차지하는 크기를 어떻게 비교하면 좋을까요?

2 상자에 담을 수 있는 블록과 타일의 수를 세어 상자가 공간에서 차지하는 크기를 비교해 보세요.

(1) 세 상자 중 블록이나 타일이 가장 많이 들어가는 상자는 어느 것이라고 생각하나요?

(2) 그 이유를 써 보세요.

(3) **나**와 **다**에 들어가는 블록과 타일의 개수는 각각 동일하게 18개이므로 두 상자가 차지하는 공간의 크기는 같다고 말할 수 있을까요? 그렇게 생각한 이유를 써 보세요.

(4) 세 상자가 공간에서 차지하는 크기를 비교하는 방법을 정리해 보세요.

직육면체의 부피

> **개념 정리** 부피, 부피의 단위
>
> 어떤 물건이 공간에서 차지하는 크기를 부피라고 합니다.
>
> $1\,\text{cm}^3$: 한 모서리의 길이가 $1\,\text{cm}$인 정육면체의 부피
>
>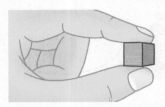
>
> **쓰기** $1\,\text{cm}^3$
>
> **읽기** 1 세제곱센티미터

 쌀기나무로 두 직육면체를 쌓았습니다. 쌀기나무의 개수를 통해 두 직육면체의 부피를 비교해 보세요.

가 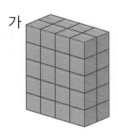　　　　나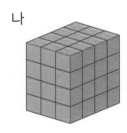

(1) 두 직육면체의 쌀기나무의 수는 각각 몇 개인가요?

가 (　　　　　　　　　　), 나 (　　　　　　　　　　)

(2) 두 직육면체의 부피를 비교하고, 어떻게 비교했는지 써 보세요.

(3) 쌀기나무 1개의 부피가 $1\,\text{cm}^3$일 때 직육면체 **가**와 **나**의 부피를 구해 보세요.

 2 직육면체 모양 상자의 부피를 구해 보세요.

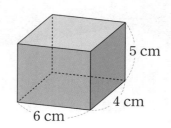

(1) 직육면체 모양 상자의 부피를 어떻게 구할까요?

(2) 부피가 1 cm³인 쌓기나무를 사용하여 부피를 구할 때 쌓기나무는 모두 몇 개 필요한가요?

(3) 직육면체의 부피는 몇 cm³인가요?

(4) 직육면체의 부피를 구하는 방법을 정리해 보세요.

개념 정리 **직육면체의 부피**

(직육면체의 부피)=(가로)×(세로)×(높이)

　　　　　　　=(밑면의 넓이)×(높이)

(직육면체의 부피)$=3 \times 4 \times 5$

　　　　　　　　$=60(\text{cm}^3)$

5 cm
(높이)

4 cm
(세로)

3 cm
(가로)

정육면체의 부피

1 강이는 게임을 하기 위해 주사위를 샀습니다. 정육면체 모양 주사위의 부피를 구해 보세요.

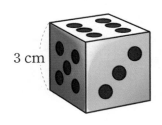

3 cm

(1) 정육면체 모양 주사위의 부피를 어떻게 구할까요?

(2) 부피가 1 cm^3인 쌓기나무를 사용하여 부피를 구하려면 쌓기나무가 모두 몇 개 필요한가요?

(   )

(3) 직육면체의 부피를 구하는 방법을 이용하여 정육면체의 부피를 구해 보세요.

(4) 정육면체의 부피를 구하는 방법을 정리해 보세요.

개념 정리   정육면체의 부피

(정육면체의 부피)

＝(한 모서리의 길이)×(한 모서리의 길이)×(한 모서리의 길이)

(정육면체의 부피)＝$3 \times 3 \times 3$

                ＝$27 (\text{cm}^3)$

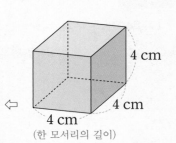

4 cm

4 cm

4 cm

(한 모서리의 길이)

2 산이네 가족은 캠핑카를 타고 여행을 가기로 했습니다. 캠핑카 컨테이너 가와 나의 부피를 구해 보세요.

가 150 cm 250 cm 300 cm

나 200 cm 250 cm 200 cm

(1) 각 컨테이너의 부피를 cm^3로 나타내어 보세요.

가 (   ), 나 (   )

(2) 각 컨테이너의 부피를 cm^3로 나타내면 어떤 점이 불편한지 써 보세요.

(3) 큰 물건의 부피를 구할 때 어떤 단위를 사용하면 좋을지 써 보세요.

개념 정리 부피의 단위 $1\,m^3$

$1\,m^3$: 한 모서리의 길이가 $1\,m$인 정육면체의 부피

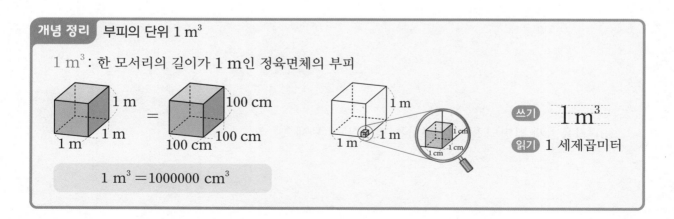

$1\,m^3 = 1000000\ cm^3$

쓰기 $1\,m^3$

읽기 1 세제곱미터

(4) (1)에서 cm^3로 나타낸 각 컨테이너의 부피를 m^3로 나타내어 보세요.

가 (   ), 나 (   )

포장지를 얼마나 준비해야 하나요?

1 하늘이는 동생에게 생일 선물을 주기 위해 선물 담을 상자를 만들려고 해요.

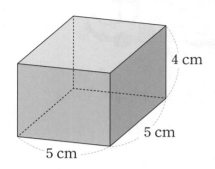

4 cm

5 cm

5 cm

(1) 직육면체 모양의 상자를 만들려면 종이가 얼마나 필요할까요? (단, 겹치는 부분 없이 만듭니다.)

(2) 왜 그렇게 생각하나요?

(3) 직육면체 겉면의 넓이를 구하는 방법을 써 보세요.

바다는 빈 상자에 색종이를 붙여서 작은 물건을 모아 두는 상자로 사용하려고 해요. (단, 겹치는 부분 없이 색종이를 붙입니다. 또 물건은 두 상자 모두에 들어가는 크기입니다.)

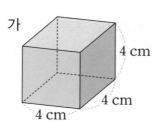

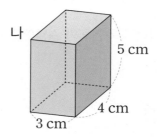

(1) 어떤 상자를 골라야 색종이를 적게 사용할 수 있을까요? 그렇게 생각한 이유를 써 보세요.

(2) 색종이가 얼마나 필요한지 어떻게 알 수 있나요?

(3) **가**에 색종이를 붙이려면 색종이가 얼마나 필요한지 구해 보세요.

(4) **나**에 색종이를 붙이려면 색종이가 얼마나 필요한지 구해 보세요.

(5) 바다는 어떤 상자를 골라야 색종이를 적게 사용할 수 있나요?

직육면체와 정육면체의 겉넓이

1 전개도를 이용하여 직육면체의 겉넓이를 여러 가지 방법으로 구해 보세요.
└→ 물체 겉면의 넓이

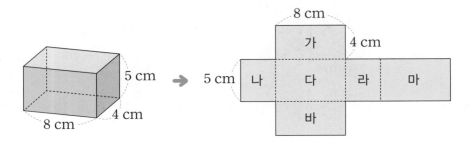

(1) 직육면체의 겉넓이를 구하는 여러 가지 방법을 생각하여 써 보세요.

(2) 직육면체의 겉넓이를 여러 가지 방법으로 구해 보세요.

(3) 직육면체의 겉넓이를 구하는 여러 가지 방법 중 간편한 방법은 무엇인지 자신의 생각을 써 보세요.

2 바다는 정육면체 모양의 큐브를 포장하여 친구에게 선물하려고 합니다. 물음에 답하세요.

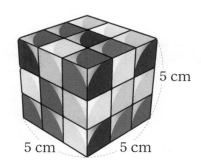

5 cm

5 cm   5 cm

(1) 포장지가 얼마나 필요한지 구해 보세요. (단, 겹치는 부분 없이 포장합니다.)

(2) 정육면체의 겉넓이를 어떻게 구했나요?

(3) 정육면체의 한 모서리의 길이를 ☆라고 할 때, 정육면체의 겉넓이를 구하는 식을 ☆을 사용하여 나타내어 보세요.

개념 정리 **직육면체, 정육면체의 겉넓이**

- (직육면체의 겉넓이) = (여섯 면의 넓이의 합)

  = (한 꼭짓점에서 만나는 세 면의 넓이의 합) × 2

  = (한 밑면의 넓이) × 2 + (옆면의 넓이)

- (정육면체의 겉넓이) = (한 모서리의 길이) × (한 모서리의 길이) × 6

스스로 정리 직육면체의 부피와 겉넓이를 구하는 방법을 정리해 보세요.

1 (직육면체의 부피)

= ⬜ × ⬜ × ⬜

= ⬜ × (높이)

2 (직육면체의 겉넓이)

= ㉠+㉡+㉢+㉣+㉤+㉥

= ⬜ ×2+ ⬜ ×2+ ⬜ ×2

= (⬜ + ⬜ + ⬜)×2

= (두 밑면의 넓이)+(⬜ 의 넓이)

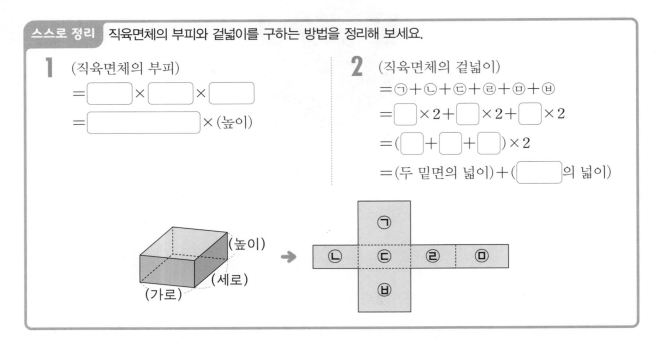

개념 연결 빈칸을 채워 보세요.

주제	뜻이나 성질 쓰기
단위넓이	한 변의 길이가 1 cm인 정사각형의 넓이를 ( )라 쓰고 ( )라고 읽습니다.
직사각형의 넓이	(직사각형의 넓이)=( )×( ) (정사각형의 넓이)=( )×( )

---

1 전개도를 이용하여 직육면체의 겉넓이를 구하고 친구에게 편지로 설명해 보세요.

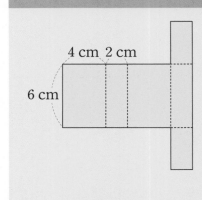

1 직육면체 모양의 어항 속에 돌을 넣었더니 물의 높이가 3 cm 올라갔습니다. 돌의 부피를 구하고 다른 사람에게 설명해 보세요.

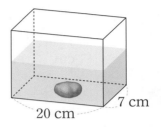

2 오른쪽 직육면체의 부피는 240 cm³입니다. 이 직육면체의 겉넓이를 구하고 다른 사람에게 설명해 보세요.

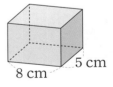

직육면체의 부피와 겉넓이는
이렇게 연결돼요

각기둥의
구성 요소와 전개도

직육면체의 부피와
겉넓이

쌓기나무

입체도형의
부피와 겉넓이

1 한 모서리의 길이가 1 cm인 정육면체의 부피를 구하려고 합니다. □ 안에 알맞은 수나 말을 써넣으세요.

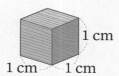

식 □×□×□=□ (cm³)

답 □ cm³ (이)라 쓰고

[_____] (이)라고 읽습니다.

2 부피가 1 cm³인 쌓기나무의 수를 세어 직육면체의 부피를 구해 보세요.

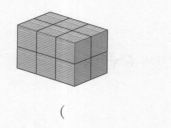

(   )

3 서로 관계있는 것끼리 이어 보세요.

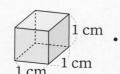 • •

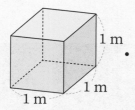 • •

4 직육면체의 부피를 구하려고 합니다. □ 안에 알맞은 수를 써넣으세요.

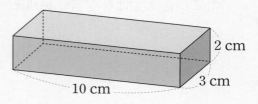

(직육면체의 부피)
= (가로) × (세로) × (높이)
= 10 × 3 × □
= □ (cm³)

5 직육면체의 부피를 구해 보세요.

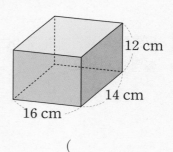

(   )

6 부피가 더 작은 직육면체에 ○표 해 보세요.

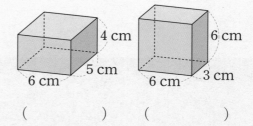

(   ) (   )

[7~8] 직육면체의 전개도를 이용하여 겉넓이를 구하려고 합니다. □ 안에 알맞은 수를 써넣으세요.

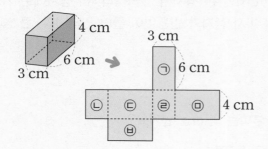

7 여섯 면의 넓이의 합으로 직육면체의 겉넓이를 구해 보세요.

(직육면체의 겉넓이)
= ㉠+㉡+㉢+㉣+㉤+㉥
= 18+□+□+□+□+□
= □ (cm²)

8 세 쌍의 면이 합동인 성질을 이용하여 직육면체의 겉넓이를 구해 보세요.

(직육면체의 겉넓이)
= (㉠+㉡+㉢)×2
= (18+□+□)×2
= □ (cm²)

9 크기를 비교하여 ○ 안에 >, =, <를 알맞게 써넣으세요.

(1) 2700000 cm³ ○ 27 m³

(2) 45000000 cm³ ○ 6.3 m³

10 한 모서리의 길이가 500 cm인 정육면체의 부피를 구하려고 합니다. □ 안에 알맞은 수를 써넣으세요.

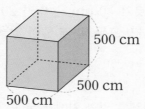

(정육면체의 부피)

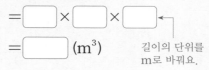
= □ × □ × □ ←
= □ (m³)   길이의 단위를 m로 바꿔요.

11 정육면체 한 면의 넓이가 36 cm² 일 때 한 모서리의 길이와 겉넓이를 구해 보세요.

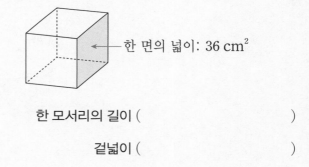

한 면의 넓이: 36 cm²

한 모서리의 길이 (   )

겉넓이 (   )

12 다음 전개도를 접어서 만든 정육면체의 겉넓이는 몇 cm² 인가요?

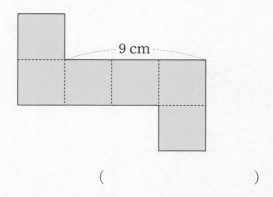

9 cm

(   )

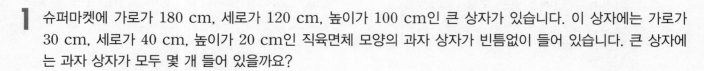

1 슈퍼마켓에 가로가 180 cm, 세로가 120 cm, 높이가 100 cm인 큰 상자가 있습니다. 이 상자에는 가로가 30 cm, 세로가 40 cm, 높이가 20 cm인 직육면체 모양의 과자 상자가 빈틈없이 들어 있습니다. 큰 상자에는 과자 상자가 모두 몇 개 들어 있을까요?

(   )

2 어떤 직육면체를 위와 앞에서 본 모양입니다. 이 직육면체의 부피는 몇 cm^{3}인가요?

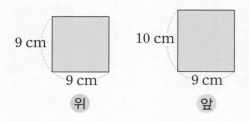

9 cm   9 cm   10 cm   9 cm

위   앞

(   )

3 입체도형의 부피를 구해 보세요.

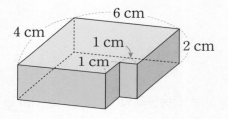

6 cm   4 cm   1 cm   2 cm   1 cm

(   )

4 산이가 만든 종이 상자의 부피는 960 cm^{3}입니다. 종이 상자의 겉넓이는 몇 cm^{2}인지 풀이 과정을 쓰고 구해 보세요.

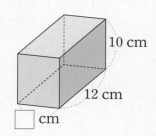

10 cm   12 cm   ☐ cm

풀이

(   )

5 강이네 가족은 함께 깍두기를 담급니다. 강이는 무를 한 모서리의 길이가 2 cm인 정육면체 모양으로 썰고 수를 세었더니 모두 30개였습니다. 무 1 cm²당 고춧가루가 1 g 필요할 때 강이가 썬 무로 깍두기를 만들려면 고춧가루는 모두 몇 g이 필요한지 풀이 과정을 쓰고 구해 보세요.

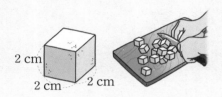

풀이

( )

6 바다는 휴지를 넣을 케이스를 만들고 겉면에 페인트를 칠했습니다. 페인트를 칠한 부분의 겉넓이는 몇 cm²인지 풀이 과정을 쓰고 구해 보세요. (사용 후 쉽게 교체하기 위해서 직육면체의 아랫면은 만들지 않았고, 윗면의 가운데는 뚫려 있습니다.)

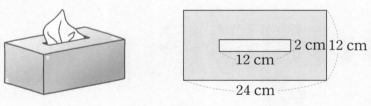

풀이

( )

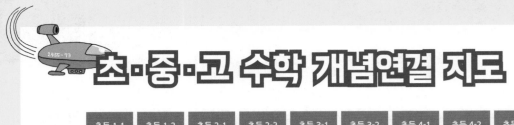

초·중·고 수학 개념연결 지도

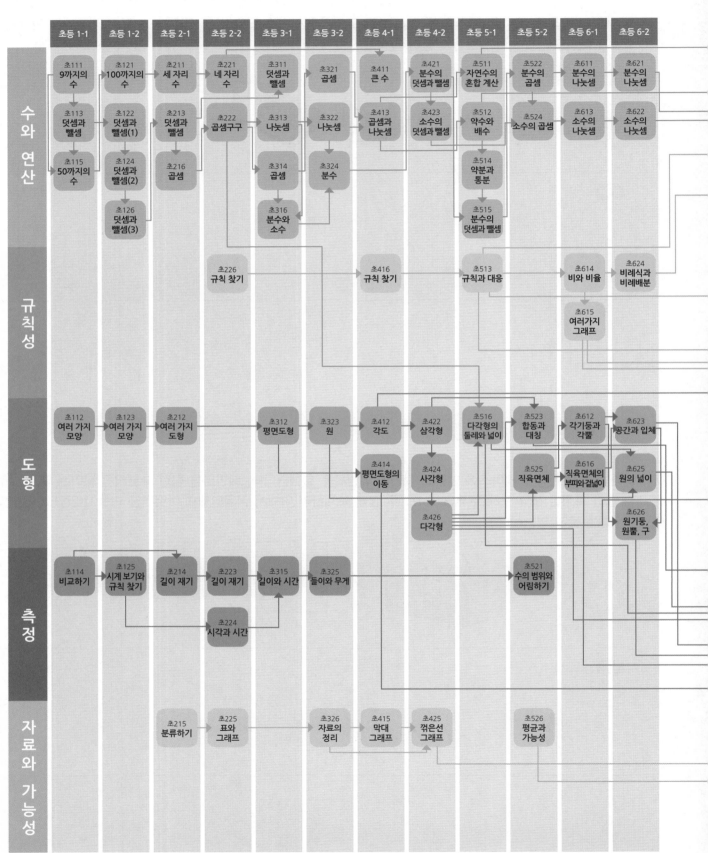

	초등 1-1	초등 1-2	초등 2-1	초등 2-2	초등 3-1	초등 3-2	초등 4-1	초등 4-2	초등 5-1	초등 5-2	초등 6-1	초등 6-2
수와 연산	초111 9까지의 수	초121 100까지의 수	초211 세 자리 수	초221 네 자리 수	초311 덧셈과 뺄셈	초321 곱셈	초411 큰 수	초421 분수의 덧셈과 뺄셈	초511 자연수의 혼합 계산	초522 분수의 곱셈	초611 분수의 나눗셈	초621 분수의 나눗셈
	초113 덧셈과 뺄셈	초122 덧셈과 뺄셈(1)	초213 덧셈과 뺄셈	초222 곱셈구구	초313 나눗셈	초322 나눗셈	초413 곱셈과 나눗셈	초423 소수의 덧셈과 뺄셈	초512 약수와 배수	초524 소수의 곱셈	초613 소수의 나눗셈	초622 소수의 나눗셈
	초115 50까지의 수	초124 덧셈과 뺄셈(2)	초216 곱셈		초314 곱셈	초324 분수			초514 약분과 통분			
		초126 덧셈과 뺄셈(3)			초316 분수와 소수				초515 분수의 덧셈과 뺄셈			
규칙성				초226 규칙 찾기			초416 규칙 찾기		초513 규칙과 대응		초614 비와 비율	초624 비례식과 비례배분
											초615 여러가지 그래프	
도형	초112 여러 가지 모양	초123 여러 가지 모양	초212 여러 가지 도형	초312 평면도형	초323 원		초412 각도	초422 삼각형	초516 다각형의 둘레와 넓이	초523 합동과 대칭	초612 각기둥과 각뿔	초623 공간과 입체
					초414 평면도형의 이동		초424 사각형		초525 직육면체	초616 직육면체의 부피와 겉넓이	초625 원의 넓이	
								초426 다각형			초626 원기둥, 원뿔, 구	
측정	초114 비교하기	초125 시계 보기와 규칙 찾기	초214 길이 재기	초223 길이 재기	초315 길이와 시간	초325 들이와 무게			초521 수의 범위와 어림하기			
				초224 시각과 시간								
자료와 가능성			초215 분류하기	초225 표와 그래프		초326 자료의 정리	초415 막대 그래프	초425 꺾은선 그래프		초526 평균과 가능성		

QR코드를 스캔하면
'수학개념 연결 지도'를 내려받을 수 있습니다.

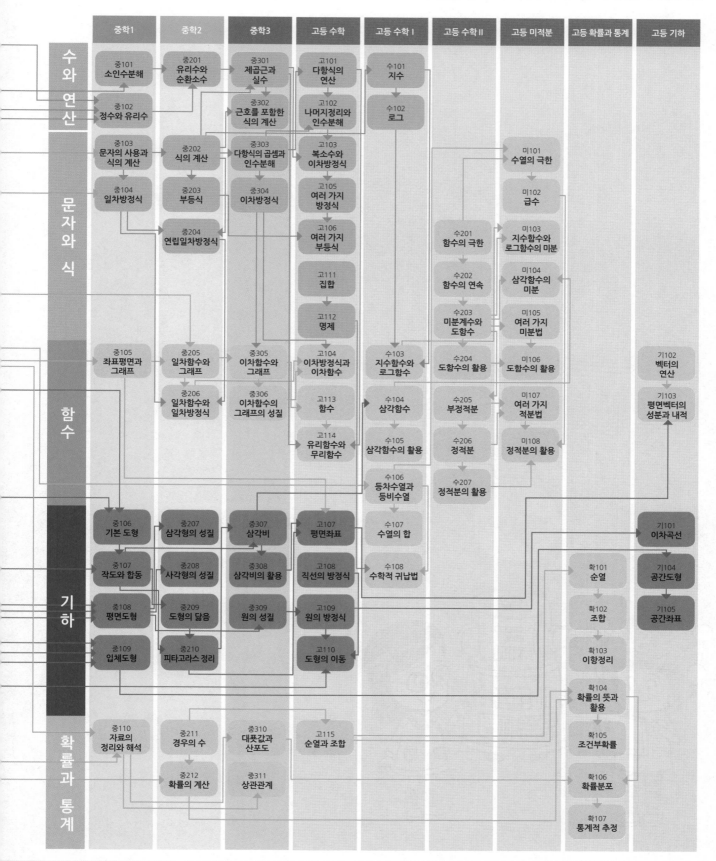

'생각열기'는 내 생각을 쓰는 문제이기
때문에 답이 여러 가지일 수 있어요.
답과 해설을 참고하여 여러분의 생각과
비교하고 수정해 보세요.

초등 **6-1**

정답과 해설

기억하기

1 2, 3, 4, 6, 12

2 (1) $\dfrac{9}{12}$, $\dfrac{6}{8}$, $\dfrac{3}{4}$ (2) $\dfrac{5}{15}$, $\dfrac{3}{9}$, $\dfrac{1}{3}$

(3) $\dfrac{7}{28}$, $\dfrac{2}{8}$, $\dfrac{1}{4}$ (4) $\dfrac{14}{35}$, $\dfrac{4}{10}$, $\dfrac{2}{5}$

3 (1) $1\dfrac{5}{7}$ (2) $3\dfrac{1}{3}$

4 (1) $4\dfrac{2}{3}$ (2) $2\dfrac{2}{5}$

5 (1) $\dfrac{5}{12}$ (2) $\dfrac{3}{10}$ (3) $\dfrac{1}{6}$

3 (1) $\dfrac{3}{7}\times4=\dfrac{3}{7}+\dfrac{3}{7}+\dfrac{3}{7}+\dfrac{3}{7}=\dfrac{3\times4}{7}=\dfrac{12}{7}=1\dfrac{5}{7}$

(2) $\dfrac{5}{6}\times4=\dfrac{5}{6}+\dfrac{5}{6}+\dfrac{5}{6}+\dfrac{5}{6}=\dfrac{20}{6}=3\dfrac{2}{6}=3\dfrac{1}{3}$

$\dfrac{5}{6}\times4=\dfrac{5\times4}{6}=\dfrac{20}{6}=3\dfrac{2}{6}=3\dfrac{1}{3}$

$\dfrac{5}{\overset{3}{6}}\times\overset{2}{4}=\dfrac{5}{3}\times2=\dfrac{10}{3}=3\dfrac{1}{3}$

4 (1) $7\times\dfrac{2}{3}=\dfrac{7\times2}{3}=\dfrac{14}{3}=4\dfrac{2}{3}$

(2) $8\times\dfrac{3}{10}=\dfrac{8\times3}{10}=\dfrac{24}{10}=2\dfrac{4}{10}=2\dfrac{2}{5}$

5 (1) $\dfrac{2}{3}\times\dfrac{5}{8}=\dfrac{2\times5}{3\times8}=\dfrac{10}{24}=\dfrac{5}{12}$

$\dfrac{\overset{1}{2}}{3}\times\dfrac{5}{\underset{4}{8}}=\dfrac{1\times5}{3\times4}=\dfrac{5}{12}$

(2) $\dfrac{8}{15}\times\dfrac{9}{16}=\dfrac{8\times9}{15\times16}=\dfrac{72}{240}=\dfrac{3}{10}$

$\dfrac{\overset{1}{8}}{\underset{5}{15}}\times\dfrac{\overset{3}{9}}{\underset{2}{16}}=\dfrac{1\times3}{5\times2}=\dfrac{3}{10}$

(3) $\dfrac{11}{12}\times\dfrac{6}{33}=\dfrac{11\times6}{12\times33}=\dfrac{66}{396}=\dfrac{1}{6}$

$\dfrac{\overset{1}{11}}{\underset{2}{12}}\times\dfrac{\overset{1}{6}}{\underset{3}{33}}=\dfrac{1\times1}{2\times3}=\dfrac{1}{6}$

생각열기 ❶

1 (1) **예**

할아버지 $\dfrac{1}{4}$ 할아버지 $\dfrac{1}{4}$ 강 $\dfrac{1}{4}$ 할머니 $\dfrac{1}{4}$

4명이 똑같이 나누어 먹었으므로 한 사람이 $\dfrac{1}{4}$씩 먹었습니다.

(2), (3) $\dfrac{1}{4}$개 / 해설 참조

2 (1), (2) $\dfrac{3}{8}$판 / 해설 참조

1 (2) 떡케이크 4개를 4명이 나누어 먹으면, 4÷4이므로 한 사람이 먹는 떡케이크의 양은 1개입니다. 같은 방법으로 떡케이크 1개를 4명이 나누어 먹으면, 1÷4이므로 한 사람이 먹는 떡케이크의 양은 $\dfrac{1}{4}$개입니다.

(3) 1개의 2배는 2개이고, 1개의 반은 $\dfrac{1}{2}$개, 1개의 $\dfrac{1}{4}$은 $\dfrac{1}{4}$개입니다. 곱셈식으로 나타내면,

1개의 2배는 $1\times2=2$(개)이고, 1개의 반은 $1\times\dfrac{1}{2}=\dfrac{1}{2}$(개), 1개의 $\dfrac{1}{4}$은 $1\times\dfrac{1}{4}=\dfrac{1}{4}$(개)입니다.

2 (1) **방법 1**

$\dfrac{1}{8}$ $\dfrac{1}{8}$ $\dfrac{1}{8}$

$\dfrac{1}{8}+\dfrac{1}{8}+\dfrac{1}{8}=\dfrac{3}{8}$

방법 2

$\dfrac{3}{8}$ $24\div8=3$

방법 3 한 사람이 먹은 양은 피자 한 판의 $\dfrac{1}{8}$인데 피자가 3판이므로 $\dfrac{1}{8}+\dfrac{1}{8}+\dfrac{1}{8}=\dfrac{3}{8}$(판)을 먹었습니다.

방법 4 한 사람이 먹은 양은 피자 한 판의 $\dfrac{1}{8}$인데 피자가 3판이므로 $\dfrac{1}{8}\times3=\dfrac{3}{8}$(판)을 먹었습니다.

방법 5 피자 3판을 8명이 나누어 먹었으므로 한 사람이 먹은 피자의 양을 구하는 식은 3÷8입니다. 1÷8이 $\dfrac{1}{8}$이므로 3÷8은 $\dfrac{3}{8}$입니다.

(2)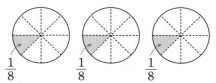

$\dfrac{1}{8}$ $\dfrac{1}{8}$ $\dfrac{1}{8}$

그림을 식으로 나타내면 3÷8이므로 한 사람이
$\dfrac{3}{8}$판씩 먹었습니다.

예2

$\dfrac{3}{8}$ $24 \div 8 = 3$

그림을 식으로 나타내면 $\dfrac{1}{8} \times 3 = \dfrac{3}{8}$이므로 한

사람이 $\dfrac{3}{8}$판씩 먹었습니다.

예3 한 판을 나누어 먹으면 $1 \div 8 = \dfrac{1}{8}$(판)입니다.

3판을 나누어 먹으면 $\dfrac{1}{8} \times 3 = \dfrac{3}{8}$(판)입니다.

한 사람이 $\dfrac{3}{8}$판씩 먹었습니다.

예4 3판을 24조각으로 나누어 8명이 먹으면 한 사람이
3조각씩 먹습니다. 3조각은 한 판의 $\dfrac{3}{8}$입니다.

$24 \div 8 = 3$(조각), $3 \div 8 = \dfrac{3}{8}$(판)

예5 $\dfrac{1}{8} \times 3 = 3 \times \dfrac{1}{8} = \dfrac{3}{8}$, $3 \div 8 = \dfrac{3}{8}$, $3 \times \dfrac{1}{8} = 3 \div 8$

따라서 한 사람이 $\dfrac{3}{8}$판씩 먹었습니다.

선생님의 참견

이전 학년에서 나누어떨어지거나 나머지가 있는 나눗셈을 공부했어요. 이때 몫은 자연수였지요. 그런데 작은 수를 큰 수로 나눌 때나 나머지를 나눌 때는 몫이 분수일 수 있어요. 몫이 분수가 되는 나눗셈을 그림으로 풀어 보고 곱셈으로 나타내는 등 다양하게 경험해 보세요.

개념활용 ❶-1   16~17쪽

1 (1) 예

(2) 1, $\dfrac{1}{3}$, $\dfrac{2}{3}$

(3) (위에서부터) 3, 1 / $\dfrac{1}{3}$, 1 / 3, $\dfrac{1}{3}$ / $\dfrac{1}{3}$, $\dfrac{1}{3}$ /

3, $\dfrac{2}{3}$ / $\dfrac{1}{3}$, $\dfrac{2}{3}$

2 (1) 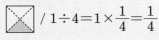 또는

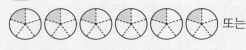

(2) $\dfrac{5}{4}\left(=1\dfrac{1}{4}\right)$

(3) $5 \div 4 = 5 \times \dfrac{1}{4} = \dfrac{5}{4}\left(=1\dfrac{1}{4}\right)$

3 1÷4

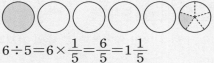 / $1 \div 4 = 1 \times \dfrac{1}{4} = \dfrac{1}{4}$

6÷5

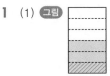 또는

$6 \div 5 = 6 \times \dfrac{1}{5} = \dfrac{6}{5} = 1\dfrac{1}{5}$

2 (3) $1 \div 4 = \dfrac{1}{4}$입니다.

$5 \div 4$는 $\dfrac{1}{4}$이 5개이므로 $\dfrac{5}{4}$입니다.

$5 \div 4 = \dfrac{5}{4}\left(=1\dfrac{1}{4}\right)$

생각열기 ❷   18~19쪽

1 (1), (2) $\dfrac{1}{6}$통 / 해설 참조

2 (1), (2) $\dfrac{5}{6}$통 / 해설 참조

1 (1) 그림

나눗셈 페인트 $\dfrac{1}{2}$통을 3명이 나누면 한 사람이
$\dfrac{1}{2} \div 3 = \dfrac{1}{6}$(통)씩 가지게 됩니다.

145

곱셈 한 사람이 페인트 $\frac{1}{2}$통의 $\frac{1}{3}$씩을 가지게 됩니다.

$\frac{1}{2} \times \frac{1}{3} = \frac{1}{6}$이므로 한 사람이 $\frac{1}{6}$통씩 가지게 됩니다.

(2) 예1

식으로 나타내면 $\frac{1}{2} \div 3 = \frac{1}{6}$이므로 한 사람이 $\frac{1}{6}$통씩 가지게 됩니다.

예2 $\frac{1}{2} \div 3 = \frac{1}{6}$로 나타낼 수도 있고,

$\frac{1}{2} \times \frac{1}{3} = \frac{1}{6}$로 나타낼 수도 있습니다.

그래서, $\frac{1}{2} \div 3 = \frac{1}{2} \times \frac{1}{3} = \frac{1}{6}$이 됩니다.

따라서 한 사람이 $\frac{1}{6}$통씩 가지게 됩니다.

2 (1) 그림

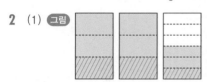

$\Rightarrow \frac{2}{3} + \frac{1}{6} = \frac{5}{6}$

따라서 한 사람이 페인트를 $\frac{5}{6}$통씩 가지게 됩니다.

곱셈 $2\frac{1}{2} \times \frac{1}{3} = \frac{5}{2} \times \frac{1}{3} = \frac{5}{6}$

따라서 한 사람이 페인트를 $\frac{5}{6}$통씩 가지게 됩니다.

나눗셈 $2\frac{1}{2} \div 3 \Rightarrow 2 \div 3 = \frac{2}{3}$와 $\frac{1}{2} \div 3 = \frac{1}{6}$

$\Rightarrow \frac{2}{3} + \frac{1}{6} = \frac{5}{6}$

따라서 한 사람이 페인트를 $\frac{5}{6}$통씩 가지게 됩니다.

(2) 예1 $2\frac{1}{2} \div 3 = \frac{5}{6}$와 $2\frac{1}{2} \times \frac{1}{3} = \frac{5}{6}$이므로

$2\frac{1}{2} \div 3 = 2\frac{1}{2} \times \frac{1}{3} = \frac{5}{6}$입니다.

예2

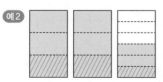

$2 \div 3 = \frac{2}{3}$이고, $\frac{1}{2} \div 3 = \frac{1}{6}$이므로

$\frac{2}{3} + \frac{1}{6} = \frac{5}{6}$입니다. 따라서 한 사람이 페인트를 $\frac{5}{6}$통씩 가지게 됩니다.

예3

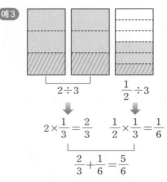

$2 \div 3 \qquad \frac{1}{2} \div 3$

$2 \times \frac{1}{3} = \frac{2}{3} \qquad \frac{1}{2} \times \frac{1}{3} = \frac{1}{6}$

$\frac{2}{3} + \frac{1}{6} = \frac{5}{6}$

한 사람이 페인트를 $\frac{5}{6}$통씩 가지게 됩니다.

선생님의 참견

(분수)÷(자연수)는 (자연수)÷(자연수)처럼 계산할 수 있어요. 그림으로 나타내고, 나눗셈으로 몫을 구해 보며 곱셈으로도 나타내어 보세요. 그리고 여러 방법을 서로 연결 지어 보세요.

개념활용 ❷-1

20~21쪽

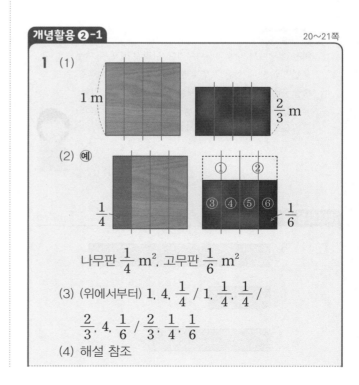

나무판 $\frac{1}{4}$ m², 고무판 $\frac{1}{6}$ m²

(3) (위에서부터) 1, 4, $\frac{1}{4}$ / 1, $\frac{1}{4}$, $\frac{1}{4}$ / $\frac{2}{3}$, 4, $\frac{1}{6}$ / $\frac{2}{3}$, $\frac{1}{4}$, $\frac{1}{6}$

(4) 해설 참조

146

2 (1) 예

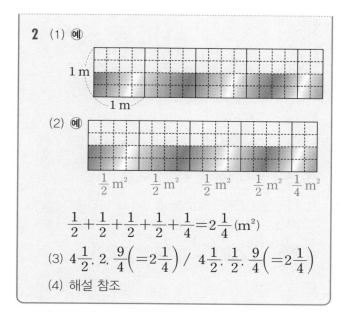

$$\frac{1}{2}+\frac{1}{2}+\frac{1}{2}+\frac{1}{2}+\frac{1}{4}=2\frac{1}{4}\,(\text{m}^2)$$

(3) $4\frac{1}{2},\ 2,\ \frac{9}{4}\left(=2\frac{1}{4}\right)$ / $4\frac{1}{2},\ \frac{1}{2},\ \frac{9}{4}\left(=2\frac{1}{4}\right)$

(4) 해설 참조

1 (4) – (자연수)÷(자연수)를 (자연수)×$\frac{1}{(\text{자연수})}$ 로 바꾸어 계산하는 것과 같이 (분수)÷(자연수)를 (분수)×$\frac{1}{(\text{자연수})}$ 로 바꾸어 계산합니다.

2 (4) – (분수)÷(자연수)=(분수)×$\frac{1}{(\text{자연수})}$ 로 계산합니다.

– 나누어지는 분수가 대분수이면 대분수를 자연수와 분수로 나누어 계산합니다.

– (대분수)÷(자연수)는 (가분수)÷(자연수)와 같이 계산합니다.

개념활용 ❷-2

22~23쪽

1 (1)

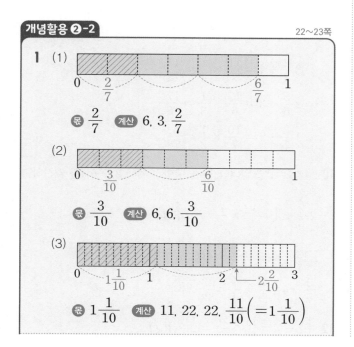

답 $\frac{2}{7}$ 계산 6, 3, $\frac{2}{7}$

(2)

답 $\frac{3}{10}$ 계산 6, 6, $\frac{3}{10}$

(3)

답 $1\frac{1}{10}$ 계산 11, 22, 22, $\frac{11}{10}\left(=1\frac{1}{10}\right)$

(4) – 분수를 자연수로 나눌 때, 분수의 분자를 자연수로 나눕니다.

– 분수의 분자가 자연수로 나누어 떨어지지 않을 때, 분자가 나누어질 수 있도록 분모와 분자에 같은 수를 곱한 후 분자를 자연수로 나눕니다.

2 (1) 방법1 20, 20, $\frac{5}{24}$ 방법2 1, 4, $\frac{5}{24}$

(2) 방법1 20, 20, $\frac{4}{3}\left(=1\frac{1}{3}\right)$

　 방법2 20, 5, 20, 1, 5, $\frac{4}{3}\left(=1\frac{1}{3}\right)$

(3) – (분수)÷(자연수)에서 분수의 분자가 자연수로 나누어 떨어지면, 분자만 나누어도 됩니다. 분자가 자연수로 나눌 때 나누어 떨어지지 않으면, 분자와 분모에 같은 수를 곱해서 크기가 같은 분수를 만들고 분자를 자연수로 나눕니다.

– (분수)÷(자연수)는 (분수)×$\frac{1}{(\text{자연수})}$로 바꾸어 계산할 수 있습니다.

표현하기

24~25쪽

스스로 정리

1 그림

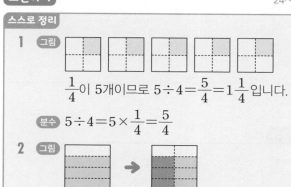

$\frac{1}{4}$이 5개이므로 $5\div4=\frac{5}{4}=1\frac{1}{4}$입니다.

분수 $5\div4=5\times\frac{1}{4}=\frac{5}{4}$

2 그림

$\frac{1}{8}$이 3개이므로 $\frac{3}{4}\div2=\frac{3}{8}$입니다.

나눗셈 $\frac{3}{4}\div2=\frac{6}{8}\div2=\frac{6\div2}{8}=\frac{3}{8}$

곱셈 $\frac{3}{4}\div2=\frac{3}{4}\times\frac{1}{2}=\frac{3}{8}$

개념 연결

분수 　(1) $\frac{3}{8}$　(2) $1\frac{1}{4}$

크기가 같은 분수 (1) 예 $\frac{6}{8},\ \frac{9}{12},\ \frac{12}{16}$

　　　　　　　　(2) 예 $\frac{10}{6},\ \frac{15}{9},\ \frac{20}{12}$

1

(1) $\dfrac{2}{3}$의 분자 2가 5의 배수가 아니므로 $\dfrac{2}{3}$의 분자와 분모를 각각 5배 해서 크기가 같은 분수를 만든 다음 나눗셈을 해.

$$\dfrac{2}{3} \div 5 = \dfrac{10}{15} \div 5 = \dfrac{10 \div 5}{15} = \dfrac{2}{15}$$

(2) 대분수는 바로 나눌 수 없으니까 먼저 대분수를 가분수로 바꿔.

$$1\dfrac{4}{5} \div 2 = \dfrac{9}{5} \div 2$$

$\dfrac{9}{5}$의 분자 9가 2의 배수가 아니므로 $\dfrac{9}{5}$의 분자와 분모를 각각 2배 해서 크기가 같은 분수를 만든 다음 나눗셈을 해.

$$\dfrac{9}{5} \div 2 = \dfrac{18}{10} \div 2 = \dfrac{18 \div 2}{10} = \dfrac{9}{10}$$

선생님 놀이

1 주스 2 L를 컵 5개에 똑같이 나누어 담았으므로 한 컵에 들어 있는 주스의 양은 2÷5로 구할 수 있습니다. $2 \div 5 = 2 \times \dfrac{1}{5} = \dfrac{2}{5}$(L)입니다.

2 나누어 담은 배양토 1봉지의 양은
$12\dfrac{1}{3} \div 5 = \dfrac{37}{3} \times \dfrac{1}{5} = \dfrac{37}{15}$(kg)이고,
2봉지 남았으므로 남은 배양토의 양은
$\dfrac{37}{15} \times 2 = \dfrac{74}{15} = 4\dfrac{14}{15}$(kg)입니다.

단원평가 기본　　　　　　　　　26~27쪽

1 (1)  / $\dfrac{1}{12}$

(2) 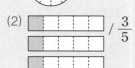 / $\dfrac{3}{5}$

2 (1) $6, \dfrac{1}{6}, \dfrac{4}{6}\left(=\dfrac{2}{3}\right)$　(2) $3, \dfrac{1}{3}, \dfrac{5}{18}$

3 $\dfrac{12}{5} \div 8 = \dfrac{\overset{3}{\cancel{12}}}{5} \times \dfrac{1}{\underset{2}{\cancel{8}}} = \dfrac{3}{5} \times \dfrac{1}{2} = \dfrac{3}{10}$

4 (1) $\dfrac{5}{9}$　(2) $\dfrac{4}{20}\left(=\dfrac{1}{5}\right)$　(3) $\dfrac{5}{24}$

(4) $\dfrac{8}{15}$　(5) $\dfrac{14}{35}\left(=\dfrac{2}{5}\right)$　(6) $\dfrac{17}{20}$

---

5 ⑤

6 $\dfrac{8}{5}\left(=1\dfrac{3}{5}\right), \dfrac{32}{5}\left(=6\dfrac{2}{5}\right)$

7 (위에서부터) $\dfrac{1}{12}, \dfrac{5}{8}, \dfrac{3}{20}, 1\dfrac{1}{8}$

8 (1) < 　(2) <

9 ㉢, ㉠, ㉡, ㉣

10 해설 참조 / $\dfrac{3}{20}$

11 나눗셈을 곱셈으로 고칠 때 분수로 나타내지 않고 자연수 그대로 계산했습니다. /
$2\dfrac{1}{6} \div 4 = 2\dfrac{1}{6} \times \dfrac{1}{4} = \dfrac{13}{6} \times \dfrac{1}{4} = \dfrac{13}{24}$

12 $\dfrac{11}{70}$ kg

---

5 ⑤ $\dfrac{9}{10} \div 6 = \dfrac{9}{10} \times \dfrac{1}{\underset{2}{\cancel{6}}}{}^{\!\!3} = \dfrac{3}{20}$

8 (1) $\dfrac{3}{4} \div 5 = \dfrac{3}{20}$

$\dfrac{5}{8} \div 4 = \dfrac{5}{32}$

$\dfrac{3}{20} < \dfrac{5}{32}$

(2) $2\dfrac{5}{12} \div 5 = \dfrac{29}{12} \times \dfrac{1}{5} = \dfrac{29}{60}$

$1\dfrac{3}{4} \div 2 = \dfrac{7}{4} \times \dfrac{1}{2} = \dfrac{7}{8}$

$\dfrac{29}{60} < \dfrac{7}{8}$

9 ㉠ $4\dfrac{9}{14} \div 5 = \dfrac{\overset{13}{\cancel{65}}}{14} \times \dfrac{1}{\underset{1}{\cancel{5}}} = \dfrac{13}{14}$

㉡ $3\dfrac{2}{3} \div 4 = \dfrac{11}{3} \times \dfrac{1}{4} = \dfrac{11}{12}$

㉢ $2\dfrac{5}{6} \div 3 = \dfrac{17}{6} \times \dfrac{1}{3} = \dfrac{17}{18}$

㉣ $1\dfrac{3}{7} \div 2 = \dfrac{10}{7} \times \dfrac{1}{2} = \dfrac{5}{7}$

10 $\square \times 4 = 2\dfrac{2}{5}$입니다. $\square$를 구하기 위해 $2\dfrac{2}{5} \div 4$를 계산하면

$2\dfrac{2}{5} \div 4 = \dfrac{\overset{3}{\cancel{12}}}{5} \times \dfrac{1}{\underset{1}{\cancel{4}}} = \dfrac{3}{5}$입니다.

$\square = \dfrac{3}{5}$이므로 $\dfrac{3}{5} \div 4$를 계산하면

$\dfrac{3}{5} \div 4 = \dfrac{3}{5} \times \dfrac{1}{4} = \dfrac{3}{20}$입니다.

12 $\dfrac{11}{10} \div 7 = \dfrac{11}{10} \times \dfrac{1}{7} = \dfrac{11}{70}$(kg)

---

1 $5\dfrac{3}{4}\div2=2\dfrac{7}{8}$

2 $\dfrac{7}{10}$, $\dfrac{7}{40}$, $\dfrac{21}{40}$

3   해설 참조 / $4\dfrac{4}{9}$ cm

4 $\dfrac{5}{7}$ kg

5   해설 참조 / $\dfrac{11}{12}$통

6   해설 참조 / 첫째: $\dfrac{5}{4}\left(=1\dfrac{1}{4}\right)$ kg,

     둘째: $\dfrac{10}{12}\left(=\dfrac{5}{6}\right)$ kg, 셋째: $\dfrac{20}{36}\left(=\dfrac{5}{9}\right)$ kg

---

1 $\dfrac{\boxed{\text{ⓒ}}}{\boxed{\text{ⓛ}}}\div\boxed{\text{ⓔ}}$의 계산 결과가 크려면 ⓤ은 가장 큰 수여야

하고 ⓔ은 가장 작은 수여야 합니다. 또한 $\boxed{\text{ⓤ}}\dfrac{\boxed{\text{ⓒ}}}{\boxed{\text{ⓛ}}}$은 대분

수이기 때문에 ⓛ은 ⓒ보다 커야 하므로 ⓛ은 2가 될 수 없

습니다. ⓤ에 가장 큰 수 5를 넣고 ⓔ에 가장 작은 수 2를

넣어 계산하면

$5\dfrac{3}{4}\div2=\dfrac{23}{4}\times\dfrac{1}{2}=\dfrac{23}{8}=2\dfrac{7}{8}$입니다.

2   ① $\square\times5=2\dfrac{5}{8}$에서 □를 구하려면 $2\dfrac{5}{8}\div5$를 계산합니다.

$2\dfrac{5}{8}\div5=\dfrac{21}{8}\div5=\dfrac{21}{8}\times\dfrac{1}{5}=\dfrac{21}{40}$

② $\square\times3=\dfrac{21}{40}$에서 □를 구하려면 $\dfrac{21}{40}\div3$을 계산합니다.

$\dfrac{21}{40}\div3=\dfrac{\overset{7}{\cancel{21}}}{40}\times\dfrac{1}{\underset{1}{\cancel{3}}}=\dfrac{7}{40}$

③ $\square\div4=\dfrac{7}{40}$에서 □를 구하려면 $\dfrac{7}{40}\times4$를 계산합니다.

$\dfrac{7}{\underset{10}{\cancel{40}}}\times\overset{1}{\cancel{4}}=\dfrac{7}{10}$

3   (삼각형의 넓이)=(밑변의 길이)×(높이)÷2이므로 밑변의 길

이를 □라 하면. $\square\times3\div2=6\dfrac{2}{3}$입니다. 따라서 □×3을

구하기 위해 $6\dfrac{2}{3}\times2$를 계산하면

$6\dfrac{2}{3}\times2=\dfrac{20}{3}\times2=\dfrac{40}{3}$입니다.

$\square\times3=\dfrac{40}{3}$이므로 □를 구하기 위해 $\dfrac{40}{3}\div3$을 계산하면

$\dfrac{40}{3}\div3=\dfrac{40}{3}\times\dfrac{1}{3}=\dfrac{40}{9}=4\dfrac{4}{9}$(cm)입니다.

4   바다네 가족이 쌀 20 kg을 2주 동안 먹었으므로 하루에

먹은 양은 $20\div14=\overset{10}{\cancel{20}}\times\dfrac{1}{\underset{7}{\cancel{14}}}=\dfrac{10}{7}$(kg) 입니다.

하루에 두 끼를 먹었으므로 한 끼에 먹은 양은

$\dfrac{10}{7}\div2=\dfrac{\overset{5}{\cancel{10}}}{7}\times\dfrac{1}{\underset{1}{\cancel{2}}}=\dfrac{5}{7}$(kg) 입니다.

5   잔디를 깎기 위해 준비한 기름이 3통이고 남은 기름이 $\dfrac{1}{4}$

통이므로 사용한 기름은 $2\dfrac{3}{4}$통입니다. $2\dfrac{3}{4}$통을 3일 동안

사용했으므로 하루에 사용한 양은

$2\dfrac{3}{4}\div3=\dfrac{11}{4}\div3=\dfrac{11}{4}\times\dfrac{1}{3}=\dfrac{11}{12}$(통)입니다.

6   − 첫째가 가져간 양:

$3\dfrac{3}{4}\div3=\dfrac{15}{4}\times\dfrac{1}{3}=\dfrac{5}{4}$(kg)

첫째가 가져가고 남은 양:

$3\dfrac{3}{4}-\dfrac{5}{4}=\dfrac{10}{4}=\dfrac{5}{2}$(kg)

둘째가 가져간 양:

$\dfrac{5}{2}\div3=\dfrac{5}{2}\times\dfrac{1}{3}=\dfrac{5}{6}$(kg)

둘째가 가져가고 남은 양:

$\dfrac{5}{2}-\dfrac{5}{6}=\dfrac{10}{6}=\dfrac{5}{3}$(kg)

셋째가 가져간 양:

$\dfrac{5}{3}\div3=\dfrac{5}{3}\times\dfrac{1}{3}=\dfrac{5}{9}$(kg)

− 첫째가 가져간 양: $3\dfrac{3}{4}\times\dfrac{1}{3}=\dfrac{5}{4}$(kg)

첫째가 가져가고 남은 양: $3\dfrac{3}{4}\times\dfrac{2}{3}$

둘째가 가져간 양: $3\dfrac{3}{4}\times\dfrac{2}{3}\times\dfrac{1}{3}=\dfrac{5}{6}$(kg)

둘째가 가져가고 남은 양: $3\dfrac{3}{4}\times\dfrac{2}{3}\times\dfrac{2}{3}$

셋째가 가져간 양: $3\dfrac{3}{4}\times\dfrac{2}{3}\times\dfrac{2}{3}\times\dfrac{1}{3}$

$=\dfrac{\overset{5}{\cancel{15}}}{\underset{\underset{1}{2}}{\cancel{4}}}\times\dfrac{\overset{1}{\cancel{2}}}{\cancel{3}}\times\dfrac{\overset{1}{\cancel{2}}}{\cancel{3}}\times\dfrac{1}{3}=\dfrac{5}{9}$(kg)

기억하기

32~33쪽

1 (왼쪽에서부터)
×, 모든 선분이 서로 연결되어 있어야 하는데, 끊어져 있습니다.
○, 4개의 선분으로 둘러싸여 있습니다.
×, 선분이 아닌 선이 있습니다.
○, 6개의 선분으로 둘러싸여 있습니다.

2 (○)( )(○)( )

3 (1) 8 (2) 6, 직사각형 (3) 12

4 ( )(○)( )

생각열기 ❶

34~35쪽

1 (1)~(2) 해설 참조

2 (1) 입체도형의 모양

분류	기둥 모양	뿔 모양
입체도형	가, 라, 마, 사	나, 다, 바

(2) 해설 참조

1 (1) 예 – 기둥 모양인 것과 기둥 모양이 아닌 것
  – 면의 모양
  – 다각형으로만 되어 있는 것과 다각형이 아닌 도형이 있는 것
  – 직육면체인 것과 직육면체가 아닌 것
  – 꼭짓점이 있는 것과 없는 것

(2) 예 (분류 기준) 다각형으로만 되어 있는 것과 아닌 것

분류	다각형으로만 되어 있는 입체도형	다각형으로만 되어 있지 않은 입체도형
입체도형	가, 다, 라, 마, 바, 사, 아, 자, 카, 타	나, 차

예 (분류 기준) 직육면체인 것과 직육면체가 아닌 것

분류	직육면체인 것	직육면체가 아닌 것
입체도형	가, 마	나, 다, 라, 바, 사, 아, 자, 차, 카, 타

예 (분류 기준) 기둥 모양과 기둥 모양이 아닌 것

분류	기둥 모양인 것	기둥 모양이 아닌 것
입체도형	가, 나, 다, 마, 바, 아, 카, 타	라, 사, 자, 차

2 (2) 예 – 기둥 모양과 뿔 모양 모두 다각형으로 이루어졌습니다.
  – 기둥 모양은 위와 아래에 면이 있고, 합동입니다.
  – 뿔 모양에서는 옆에 있는 삼각형이 한 점에서 모입니다.
  – 기둥 모양에서는 옆에 있는 면이 아래 있는 면과 수직이고 모두 직사각형입니다.

선생님의 참견

여러 가지 입체도형을 기준을 정해 분류하면서 입체도형의 특징을 파악해 보세요.

개념활용 ❶-1

36~37쪽

1

공통점	차이점
입체도형입니다. 합동인 면이 2개씩 있습니다. 직사각형이 있습니다. 기둥 모양입니다.	㉠은 모든 면이 직사각형이고, 면의 개수가 6개입니다. ㉡은 오각형인 면이 2개이고, 직사각형인 면이 5개입니다. 면의 개수는 7개입니다. ㉢은 삼각형인 면이 2개이고, 직사각형인 면이 3개입니다. 면의 개수는 5개입니다. ㉣은 육각형인 면이 2개이고, 직사각형인 면이 6개입니다. 면의 개수는 8개입니다.

2 (1)

(2) 색칠된 두 면은 합동인 도형입니다.
색칠된 두 면은 서로 평행합니다.

3 (1)

(2) 색칠한 면의 수가 아랫면의 변의 수와 같습니다.

색칠한 면과 아랫면이 수직으로 만납니다.

색칠한 면은 모두 직사각형입니다.

4

밑면	면 ㅁㅂㅅㅇ , 면 ㄱㄴㄷㄹ
옆면	면 ㄴㅂㅅㄷ, 면 ㄷㅅㅇㄹ, 면 ㄱㅁㅇㄹ, 면 ㄱㅁㅂㄴ

3 (1) 밑면과 수직으로 만나는 면들을 색칠합니다.

1 (1) 오각기둥, 육각기둥, 사각기둥, 칠각기둥, 삼각기둥

(2) 모든 각기둥은 기둥 모양이고, 옆면은 직사각형으로 같습니다. 변하는 것은 밑면의 모양입니다. 따라서 각기둥의 이름은 밑면의 모양에 따라 지으면 됩니다.

2 (1) – 모두 직사각형입니다.

– 밑면과 수직으로 만납니다.

– 옆면의 수는 밑면의 변의 수와 같습니다.

(2) 옆면에서 두 밑면과 만나는 모서리의 길이를 잽니다.

3 (1)

각기둥	㉠	㉡	㉢	㉣	㉤
면의 개수(개)	7	8	6	9	5

(2)

각기둥	㉠	㉡	㉢	㉣	㉤
모서리의 개수(개)	15	18	12	21	9

(3)

각기둥	㉠	㉡	㉢	㉣	㉤
꼭짓점의 개수(개)	10	12	8	14	6

(4) 밑면의 변의 수를 이용하여 구할 수 있습니다.

면의 수는 밑면의 변의 수에 2를 더합니다.

모서리의 수는 밑면의 변의 수에 3을 곱합니다.

꼭짓점의 수는 밑면의 변의 수에 2를 곱합니다.

1

공통점	차이점
뿔 모양입니다. 옆면은 이등변삼각형입니다. 옆면의 수는 밑면의 변의 수와 같습니다. 옆면이 모두 만나는 꼭짓점이 1개 있습니다.	바닥에 있는 면의 모양이 다릅니다. 밑면이 ㉠은 사각형, ㉡은 오각형, ㉢은 삼각형입니다.

2 각기둥은 합동인 면이 2개이지만, 각뿔은 1개입니다. 색칠된 면의 다각형이 달라져도 각뿔의 모양은 비슷합니다.

3 – 모두 이등변삼각형입니다.

– 한 꼭짓점에서 만납니다.

– 밑면의 변의 수에 따라 밑면과 만나는 면의 개수가 달라집니다.

4

밑면	면 ㄴㄷㄹㅁㅂ
옆면	면 ㄱㄴㄷ, 면 ㄱㄷㄹ, 면 ㄱㄹㅁ, 면 ㄱㅁㅂ, 면 ㄱㅂㄴ

1 (1) 오각뿔, 삼각뿔, 사각뿔, 칠각뿔

(2) 각뿔에서 옆면들이 모이는 꼭짓점은 각각 1개씩이고, 변하는 부분은 밑면입니다. 각뿔에서 옆면은 모두 삼각형인데 밑면의 변의 수에 따라 개수가 달라집니다. 따라서 각뿔의 이름은 밑면의 모양에 따라 지으면 됩니다.

2 (1) – 옆면은 모두 이등변삼각형입니다.

– 옆면이 5개입니다.

– 옆면은 한 꼭짓점에서 만납니다.

(2) 옆면이 모이는 꼭짓점에서 밑면인 오각형에 수직으로 만나는 선분을 그어 길이를 재면 그 길이가 높이입니다.

3 (1)

각뿔	㉠	㉡	㉢	㉣
면의 개수(개)	6	4	5	8

(2)

각뿔	㉠	㉡	㉢	㉣
모서리의 개수(개)	10	6	8	14

각뿔	㉠	㉡	㉢	㉣
꼭짓점의 개수(개)	6	4	5	8

(4) 밑면의 변의 수를 이용하여 구할 수 있습니다.
면의 수는 밑면의 변의 수에 1를 더합니다.
모서리의 수는 밑면의 변의 수에 2를 곱합니다.
꼭짓점의 수는 밑면의 변의 수에 1를 더합니다.

맞아야 합니다(컴퍼스를 이용하면 됩니다). 옆면은 직사
각형이므로 직사각형으로 그려야 합니다.
가위로 자른 모서리와 잘리지 않고 접혔던 부분을 구분
하여 선을 표시해야 합니다.

선생님의 참견

5학년 때 학습했던 직육면체의 전개도에 대한 지식을
연결하여 사각기둥과 삼각기둥의 전개도를 탐색하고
전개도를 그려 보세요.

생각열기 ②
44~45쪽

1

필요한 직사각형	㉮, ㉰, ㉲
이유	㉮는 사각기둥의 밑면, ㉰와 ㉲는 사각기둥의 옆면이 되는 직사각형입니다. ㉯, ㉱, ㉳는 왼쪽 사각기둥의 면이 아닙니다.

(2) 해설 참조

2

산이가 만든 전개도	밑면이 합동인 삼각형이 아닙니다. 밑면의 삼각형의 변의 길이가 만나는 옆면의 변의 길이와 다릅니다. 전개도를 접었을 때 밑면의 삼각형과 만나는 부분의 변의 길이가 서로 같아야 합니다.
바다가 만든 전개도	전개도를 접었을 때 만나는 오른쪽 위에 있는 삼각형과 아래에 있는 사각형의 변의 길이가 다릅니다. 삼각형의 나머지 두 변의 길이를 만나는 옆면이 되는 사각형의 변의 길이와 같게 고쳐야 합니다.

(2) 해설 참조

1 (2) 사각기둥의 전개도는 다양하게 그릴 수 있습니다.

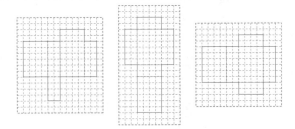

2 (2) 전개도를 그릴 때 각각의 면이 만나도록 그리고, 면이
분리되지 않도록 1장으로 그려야 합니다.
모서리를 잘라 분리된 선분은 길이를 같게 해야 합니다.
밑면은 삼각형인데, 삼각형을 그릴 때 선분의 길이가

개념활용 ②-1
46~47쪽

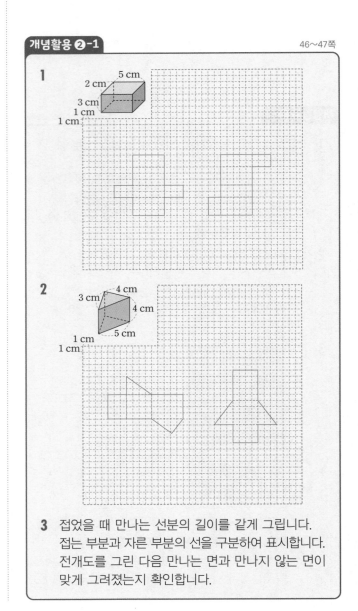

3 접었을 때 만나는 선분의 길이를 같게 그립니다.
접는 부분과 자른 부분의 선을 구분하여 표시합니다.
전개도를 그린 다음 만나는 면과 만나지 않는 면이
맞게 그려졌는지 확인합니다.

1 다음과 같이 다양한 전개도를 그릴 수 있습니다.

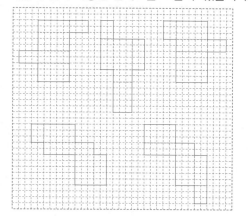

2 다음과 같이 다양한 전개도를 그릴 수 있습니다.

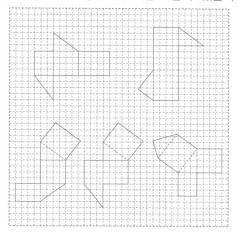

개념 연결

다각형	다각형: 선분으로만 둘러싸인 도형 다각형의 종류: 삼각형, 사각형, 오각형…… 정다각형: 모든 변의 길이가 같고 모든 각의 크기가 같은 다각형
직육면체	직육면체: 직사각형 6개로 둘러싸인 도형

꼭짓점 / 면 / 모서리

1 직육면체는 직사각형 6개로 둘러싸인 도형인데, 두 밑면은 정사각형이고, 나머지 네 옆면은 직사각형이야. 그러니까 직육면체를 둘러싼 직사각형 6개 중 정사각형이 2개야.

선생님 놀이

1 6개, 10개, 6개 / 이 오각뿔의 면, 모서리, 꼭짓점의 개수는 직접 세어 보니 각각 6개, 10개, 6개입니다.

2 ㉠, ㉣ / 육각기둥은 두 밑면이 있고, 옆면이 6개이므로 육각기둥의 면은 총 8개입니다. /
각뿔의 높이는 각뿔의 꼭짓점에서 밑면에 수직인 선분의 길이입니다.

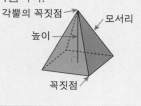

각뿔의 꼭짓점 / 모서리 / 높이 / 꼭짓점

표현하기 48~49쪽

스스로 정리

1 (왼쪽부터) 삼각기둥, 사각기둥, 오각기둥, 육각기둥
두 밑면이 서로 평행합니다.
두 밑면이 합동입니다.
옆면은 직사각형입니다.

2 (왼쪽부터) 삼각뿔, 사각뿔, 오각뿔, 육각뿔
옆면은 모두 이등변삼각형입니다.
옆에 있는 삼각형이 모두 한 점에서 모입니다.

단원평가 기본 50~51쪽

1 (1) 나, 바
(2) 가, 마

2 (위에서부터)
사각뿔, 오각기둥, 육각뿔, 사각기둥, 오각뿔

153

3 (1)

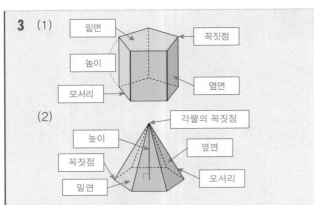

(2)

4 (1) 모서리 ㄱㄴ, 모서리 ㄱㄷ, 모서리 ㄴㄷ, 모서리 ㄱㄹ, 모서리 ㄷㅂ, 모서리 ㄴㅁ, 모서리 ㄹㅁ, 모서리 ㅁㅂ, 모서리 ㄹㅂ

(2) 면 ㄱㄴㄷ, 면 ㄹㅁㅂ, 면 ㄷㅂㄹㄱ, 면 ㄱㄹㅁ ㄴ, 면 ㄴㅁㅂㄷ

(3) 꼭짓점 ㄱ, 꼭짓점 ㄴ, 꼭짓점 ㄷ, 꼭짓점 ㄹ, 꼭짓점 ㅁ, 꼭짓점 ㅂ

5 (1) 면 가
(2) 면 나, 면 다, 면 라, 면 마

6 육각기둥 / 밑면이 육각형이고, 옆면은 6개이므로 육각기둥이 됩니다.

7

입체도형	팔각기둥	육각뿔
면의 수(개)	10	7
모서리의 수(개)	24	12
꼭짓점의 수(개)	16	7

8 예

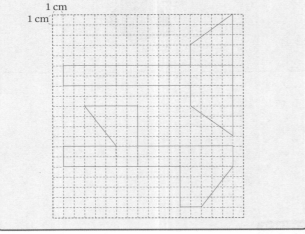

8 밑면인 사각형의 두 각이 직각임을 이용하면 쉽게 그릴 수 있습니다.

1 ㉠, ㉣, ㉤, ㉥

2 사각기둥, 오각기둥 / 해설 참조

3 90 cm / 해설 참조

4 **공통점** 밑면의 모양이 십각형으로 같습니다. 옆면의 개수가 같습니다.

차이점 십각기둥은 밑면이 2개인데, 십각뿔은 밑면이 1개입니다. 십각뿔에는 각뿔의 꼭짓점이 있는데, 십각기둥에는 없습니다. 십각기둥은 옆면이 직사각형이고, 십각뿔은 옆면이 이등변삼각형입니다.

5 13개 / 13개 / 24개

1 ㉡ 각뿔의 옆면은 이등변삼각형입니다.
㉢ 각뿔에서 모서리와 모서리가 만나는 점을 꼭짓점이라고 합니다.
㉧ 각뿔에서 밑면은 1개입니다.
㉨ 각뿔에서 꼭짓점의 개수는 면의 개수와 같습니다.

2 방법1 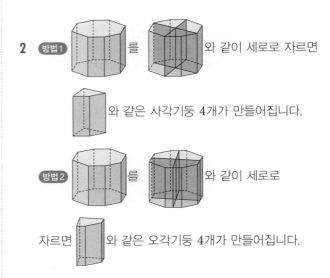 를 와 같이 세로로 자르면

와 같은 사각기둥 4개가 만들어집니다.

방법2 를 와 같이 세로로

자르면 와 같은 오각기둥 4개가 만들어집니다.

3 산이가 만든 각뿔은 와 같은 오각뿔입니다.

각 모서리에 색 테이프를 붙였으므로 오각뿔의 모서리의 길이를 구하면 됩니다.
밑면의 모서리의 길이는 8×5=40(cm), 옆면에서 색 테이프를 붙인 모서리의 길이는 10×5=50(cm)입니다.
그러므로 사용한 색 테이프 전체의 길이는 40+50=90 (cm)입니다.

4 공통점 이쑤시개는 입체도형의 모서리가 되고, 스티로폼 공은 입체도형의 꼭짓점이 됩니다.

차이점

 강이가 만든 입체도형은 모서리가 30개, 꼭짓점이 20개인 입체도형으로 십각기둥입니다.

 하늘이가 만든 입체도형은 꼭짓점이 11개, 모서리가 20개인 입체도형으로 십각뿔입니다.

5 바다가 만든 건물 모형은 모양입니다.

이 입체도형의 면의 수는 1＋6＋6＝13(개)입니다.
꼭짓점의 수는 12＋1＝13(개)입니다.
모서리의 수는 6＋6＋6＋6＝24(개)입니다.

기억하기 56~57쪽

1 (1) 0.7

(2) $\dfrac{53}{10}$

(3) 2.8

(4) $\dfrac{97}{100}$

2 (1) 방법1

$$8 \times 0.6 = 8 \times \dfrac{6}{10} = \dfrac{8 \times 6}{10} = \dfrac{48}{10} = 4.8$$

방법2

$\begin{array}{c} 8 \times 6 \\ 8 \times 0.6 \end{array} \Big\rangle \dfrac{1}{10}\text{배} = \begin{array}{c} 48 \\ 4.8 \end{array} \Big\rangle \dfrac{1}{10}\text{배}$

(2) 방법1

$$12 \times 0.7 = 12 \times \dfrac{7}{10} = \dfrac{12 \times 7}{10} = \dfrac{84}{10} = 8.4$$

방법2

$\begin{array}{c} 12 \times 7 \\ 12 \times 0.7 \end{array} \Big\rangle \dfrac{1}{10}\text{배} = \begin{array}{c} 84 \\ 8.4 \end{array} \Big\rangle \dfrac{1}{10}\text{배}$

3 (1) 51.2 / 512 / 5120
(2) 28 / 2.8 / 0.28

4 (1) $\dfrac{8}{55}$

(2) $\dfrac{2}{63}$

생각열기 ❶ 58~59쪽

1 (1) 24÷2
(2) 12개 / 해설 참조

2 (1) 2.4÷2
(2) 해설 참조

3 (1) $\dfrac{1}{10}\text{배} \Big\langle \begin{array}{c} 24 \div 2 = 12 \\ 2.4 \div 2 = 1.2 \end{array} \Big\rangle \dfrac{1}{10}\text{배}$

(2) – 나누어지는 수 2.4는 24의 $\dfrac{1}{10}$배이고, 몫 1.2는 12의 $\dfrac{1}{10}$배입니다.

– 나누어지는 수가 $\dfrac{1}{10}$배가 되면 몫도 $\dfrac{1}{10}$배가 됩니다.

1 (2) 달걀 24개를 그릇 2개에 똑같이 나누어 담으면 그릇 한 개에 12개씩 담을 수 있습니다.

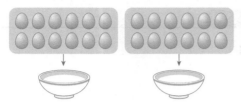

2 (2) 그릇 한 개에 밀가루 1 kg짜리 1자루, 0.1 kg짜리 2자루를 담으므로 1.2 kg씩 담을 수 있습니다.

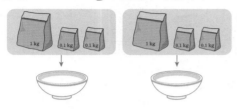

개념활용 ❶-1

60~61쪽

1 (1) $24.6÷2$
(2) 예 약 12 cm
(3) (위에서부터) 246 / 246, 123 / 123 / 12.3

2 (1) $2.46÷2$
(2) 예 약 1 m
(3) (위에서부터) 246 / 246, 123 / 123 / 1.23

3 (왼쪽에서부터) 123, 12.3, 1.23, $\dfrac{1}{10}$, $\dfrac{1}{100}$

1 (2) 24.6 cm를 24 cm라고 생각하여 종이띠 하나의 길이를 약 12 cm라고 어림할 수 있습니다.

2 (2) 2.46 m를 2 m라고 생각하여 꽃 한 송이를 만드는 데 필요한 종이띠를 약 1 m라고 어림할 수 있습니다.

생각열기 ❷

62~63쪽

1 (1) $6÷2$
(2) $3 \ \mathrm{m}^2$

2 (1) $15.6÷4$
(2) **방법1** 15.6을 분수로 나타낸 다음 분수의 나눗셈을 이용하여 계산할 수 있습니다.

$$15.6÷4=\frac{156}{10}÷4=\frac{156÷4}{10}$$
$$=\frac{39}{10}=3.9(\mathrm{m}^2)$$

방법2 자연수의 나눗셈을 이용하여 계산할 수 있습니다.
156÷4의 몫은 39이고 15.6은 156의 $\dfrac{1}{10}$배이므로 15.6÷4의 몫은 39의 $\dfrac{1}{10}$배인 3.9입니다.

3 (1) $25.5÷6$
(2) **방법1** 25.5를 분수로 나타낸 다음 분수의 나눗셈을 이용하여 계산할 수 있습니다. 이때 $25.5÷6$을 $\dfrac{255}{10}÷6$으로 바꾸어 나타낼 수 있지만 255÷6은 몫이 나누어떨어지지 않으므로 $\dfrac{2550}{100}÷6$으로 바꾸어 계산해야 합니다.

$$25.5÷6=\frac{2550}{100}÷6=\frac{2550÷6}{100}$$
$$=\frac{425}{100}=4.25(\mathrm{m}^2)$$

방법2 자연수의 나눗셈을 이용하여 계산할 수 있습니다. 이때 255÷6은 나누어떨어지지 않으므로 2550÷6을 이용하여 계산해야 합니다.
2550÷6의 몫은 425이고 25.5는 2550의 $\dfrac{1}{100}$배이므로 25.5÷6의 몫은 425의 $\dfrac{1}{100}$배인 4.25입니다.

1 약 2 / 해설 참조

2 (1) 714, 714, 238, 2.38 / 해설 참조

   (2) 238, 2.38 / 해설 참조

   (3)
$$\begin{array}{r} 2\ 3\ 8 \\ 3\overline{)7\ 1\ 4} \\ 6 \\ \hline 1\ 1 \\ 9 \\ \hline 2\ 4 \\ 2\ 4 \\ \hline 0 \end{array}$$
$$\begin{array}{r} 2.3\ 8 \\ 3\overline{)7.1\ 4} \\ 6 \\ \hline 1\ 1 \\ 9 \\ \hline 2\ 4 \\ 2\ 4 \\ \hline 0 \end{array}$$
   / 해설 참조

3 7.14÷3의 몫을 약 2로 어림했으므로 계산한 몫
의 소수점의 위치가 맞습니다.

4 (1) 5.08   (2) 0.33

---

1 $3\times2=6$이고 $3\times3=9$이므로 7.14÷3의 몫은 2보다 크
고 3보다 작습니다.

2 (1) 7.14÷3을 $\dfrac{714}{100}$ ÷3으로 바꾸어 계산합니다.

   (2) 714÷3의 몫은 238입니다. 7.14는 714의 $\dfrac{1}{100}$배이

   므로 7.14÷3의 몫은 238의 $\dfrac{1}{100}$배인 2.38입니다.

   (3) 714÷3과 같은 방법으로 계산하고, 나누어지는 수의
소수점의 위치에 맞추어 몫의 소수점을 올려 찍습니다.

4 (1)
$$\begin{array}{r} 5.0\ 8 \\ 7\overline{)3\ 5.5\ 6} \\ 3\ 5 \\ \hline 5\ 6 \\ 5\ 6 \\ \hline 0 \end{array}$$
   또는

   $35.56\div7=\dfrac{3556}{100}\div7=\dfrac{3556\div7}{100}=\dfrac{508}{100}=5.08$

   (2)
$$\begin{array}{r} 0.3\ 3 \\ 5\overline{)1.6\ 5} \\ 1\ 5 \\ \hline 1\ 5 \\ 1\ 5 \\ \hline 0 \end{array}$$
   또는

   $1.65\div5=\dfrac{165}{100}\div5=\dfrac{165\div5}{100}=\dfrac{33}{100}=0.33$

---

1 약 3.5 / 해설 참조

2 (1) • $\dfrac{195\div6}{10}$

   • $\dfrac{1950\div6}{100}=\dfrac{325}{100}=3.25$ / 해설 참조

   (2) (위에서부터) $\dfrac{1}{100}$, 325, 3.25, $\dfrac{1}{100}$

     / 해설 참조

   (3)
$$\begin{array}{r} 3\ 2\ 5 \\ 6\overline{)1\ 9\ 5\ 0} \\ 1\ 8 \\ \hline 1\ 5 \\ 1\ 2 \\ \hline 3\ 0 \\ 3\ 0 \\ \hline 0 \end{array}$$
$$\begin{array}{r} 3.2\ 5 \\ 6\overline{)1\ 9.5\ 0} \\ 1\ 8 \\ \hline 1\ 5 \\ 1\ 2 \\ \hline 3\ 0 \\ 3\ 0 \\ \hline 0 \end{array}$$
   / 해설 참조

3 19.5÷6의 몫을 3보다 크고 4보다 작은 값으로 어
림했으므로 계산한 몫의 소수점의 위치가 맞습니다.

4 (1) 3.56

   (2) 8.35

---

1 19.5는 18보다 크고 24보다 작으므로 몫은 3보다 크고 4
보다 작습니다.

2 (1) 19.5÷6을 $\dfrac{195}{10}$ ÷6으로 바꾸면 195÷6이 나누어떨
어지지 않아서 계산할 수 없으므로 $\dfrac{1950}{100}$ ÷6으로 바
꾸어 계산합니다.

   (2) 1950÷6의 몫은 325이고, 19.5는 1950의 $\dfrac{1}{100}$배이

   므로 19.5÷6의 몫은 325의 $\dfrac{1}{100}$배인 3.25입니다.

   (3) 1950÷6과 같이 세로로 계산하고, 소수점을 올려 찍
습니다. 계산이 끝나지 않으면 0을 하나 더 내려서 계
산합니다.

4 (1)
$$\begin{array}{r} 3.5\ 6 \\ 5\overline{)1\ 7.8\ 0} \\ 1\ 5 \\ \hline 2\ 8 \\ 2\ 5 \\ \hline 3\ 0 \\ 3\ 0 \\ \hline 0 \end{array}$$
   또는

   $17.8\div5=\dfrac{1780}{100}\div5=\dfrac{1780\div5}{100}=\dfrac{356}{100}=3.56$

(2)
$$4 \overline{)\begin{array}{r} 8.3\,5 \\ 3\,3.4\ 0 \\ \hline 3\,2 \\ \hline 1\ 4 \\ 1\ 2 \\ \hline 2\ 0 \\ 2\ 0 \\ \hline 0 \end{array}}$$

또는

$$33.4 \div 4 = \frac{3340}{100} \div 4 = \frac{3340 \div 4}{100} = \frac{835}{100} = 8.35$$

선생님의 창견

(자연수)÷(자연수)의 몫은 자연수뿐만 아니라 소수로도 나타낼 수 있어요. 1단원 분수의 나눗셈에서 (자연수)÷(자연수)의 몫을 분수로 나타낸 내용을 연결하여 6÷5의 몫으로서의 분수를 소수로 바꾸어 나타내는 방법을 탐구해 보세요.

생각열기 ❸

68~69쪽

1 (1) 6÷5

(2) 6÷5의 몫은 자연수로 나타낼 수 없습니다. / 6은 5의 배수가 아니기 때문입니다.

(3) – 6÷5 = $\frac{6}{5}$이므로 $\frac{6}{5}$ m입니다.

– $\frac{6}{5} = \frac{6 \times 2}{5 \times 2} = \frac{12}{10} = 1.2$이므로 1.2 m입니다.

2 (1) (소수)÷(자연수)는 분수의 나눗셈으로 바꾸어 계산하거나 자연수의 나눗셈을 이용하여 세로로 계산할 수 있습니다.

(2) (소수)÷(자연수)의 계산 방법과 마찬가지로 (자연수)÷(자연수)도 몫을 분수로 바꾸어 계산하거나 자연수의 나눗셈을 이용하여 세로로 계산할 수 있습니다.

(3) 방법1 6÷5의 몫을 분수로 나타낸 다음, 소수로 나타냅니다.

$$6 \div 5 = \frac{6}{5} = \frac{12}{10} = 1.2$$

방법2 60÷5의 몫은 12이고 6은 60의 $\frac{1}{10}$배이므로 6÷5의 몫은 12의 $\frac{1}{10}$배인 1.2 입니다.

2 (3) 60÷5를 세로로 계산하는 것처럼 6÷5를 세로로 계산합니다.

$$5 \overline{)\begin{array}{r} 1.2 \\ 6.0 \\ \hline 5 \\ \hline 1\ 0 \\ 1\ 0 \\ \hline 0 \end{array}}$$

개념활용 ❸-1

70~71쪽

1 약 1.5 / 해설 참조

2 (1) 7 / 175, 25 / 175 / 1.75

(2) (위에서부터) $\frac{1}{100}$, 175, 1.75, $\frac{1}{100}$

/ 해설 참조

(3)
$$4 \overline{)\begin{array}{r} 1\ 7\ 5 \\ 7\ 0\ 0 \\ \hline 4 \\ \hline 3\ 0 \\ 2\ 8 \\ \hline 2\ 0 \\ 2\ 0 \\ \hline 0 \end{array}} \qquad 4 \overline{)\begin{array}{r} 1.7\ 5 \\ 7.0\ 0 \\ \hline 4 \\ \hline 3\ 0 \\ 2\ 8 \\ \hline 2\ 0 \\ 2\ 0 \\ \hline 0 \end{array}}$$
/ 해설 참조

3 7÷4의 몫을 1보다 크고 2보다 작은 값으로 어림했으므로 계산한 몫의 소수점의 위치가 맞습니다.

4 (1) 2.6

(2) 0.25

---

1 4×1=4이고 4×2=8이므로 7÷4의 몫은 1보다는 크고 2보다는 작습니다.

2 (2) 700÷4의 몫은 175이고 7은 700의 $\frac{1}{100}$배이므로 7÷4의 몫은 175의 $\frac{1}{100}$배인 1.75입니다.

(3) 자연수의 나눗셈과 같이 세로로 계산하고 더 내려서 계산할 수 없으면 0을 하나 내려 계산합니다. 이때 몫의 소수점은 자연수 바로 뒤에 올려 찍습니다.

4 (1)
$$5 \overline{)\begin{array}{r} 2.6 \\ 1\ 3.0 \\ \hline 1\ 0 \\ \hline 3\ 0 \\ 3\ 0 \\ \hline 0 \end{array}}$$
또는
$$13 \div 5 = \frac{13}{5} = \frac{26}{10} = 2.6$$

(2)
$$\begin{array}{r} 0.2\,5 \\ 8\,\overline{)\,2.0\,0} \\ \underline{1\,6} \\ 4\,0 \\ \underline{4\,0} \\ 0 \end{array}$$

또는

$$2 \div 8 = \frac{2}{8} = \frac{250}{1000} = 0.25$$

72~73쪽

표현하기

스스로 정리

1 $8.4 \div 3 = \frac{84}{10} \div 3 = \frac{84 \div 3}{10} = \frac{28}{10} = 2.8$

2
$$\begin{array}{r} 6.9\,2 \\ 5\,\overline{)\,3\,4.6\,0} \\ \underline{3\,0} \\ 4\,6 \\ \underline{4\,5} \\ 1\,0 \\ \underline{1\,0} \\ 0 \end{array}$$

개념 연결

분수와 소수
(1) 0.27
(2) 1.6
(3) $\frac{88}{100}$
(4) $\frac{12}{10}$

분수의 나눗셈
(1) $\frac{8}{15} \div 2 = \frac{8 \div 2}{15} = \frac{4}{15}$

(2) $\frac{8}{15} \div 3 = \frac{24}{45} \div 3 = \frac{24 \div 3}{45}$
$= \frac{8}{45}$

1

$8.4 \div 5 = \frac{84}{10} \div 5 = \frac{840}{100} \div 5 = \frac{840 \div 5}{100}$
$= \frac{168}{100} = 1.68$

소수 8.4를 분수로 고치면 $\frac{84}{10}$야. 그런데 분자 84가 5의 배수가 아니기 때문에 분모, 분자에 각각 10을 곱해서 $\frac{840}{100}$으로 고쳐. 840은 5로 나누어 떨어지지. 그럼 이제 소수로 고칠 수 있어. 답은 1.68이야.

선생님 놀이

1 ㉢ / 해설 참조

2 1.55 / 해설 참조

1 319.2를 약 300으로 어림하여 7로 나누면 $7 \times 40 = 280$, $7 \times 50 = 350$이므로 몫은 40과 50 사이입니다.

2 가장 작은 소수 한 자리 수를 만들려면 가장 작은 수부터 3개를 순서대로 놓으면 됩니다. 따라서 12.4입니다. 또 남은 수는 8이므로 $12.4 \div 8$을 계산하면 몫은 1.55입니다.

$$\begin{array}{r} 1.5\,5 \\ 8\,\overline{)\,1\,2.4\,0} \\ \underline{8} \\ 4\,4 \\ \underline{4\,0} \\ 4\,0 \\ \underline{4\,0} \\ 0 \end{array}$$

단원평가 기본

74~75쪽

1 (1) 1.33
(2) 4.23

2 2 ㉠ 4 ㉡ 2

3 (위에서부터) 0.84 / 2.25

4 4.05

5

6 $\frac{3}{8} = \frac{375}{1000} = 0.375$

7
$$\begin{array}{r} 0.7\,6 \\ 7\,\overline{)\,5.3\,2} \\ \underline{4\,9} \\ 4\,2 \\ \underline{4\,2} \\ 0 \end{array}$$

8 >

9 ㉡, ㉣

10 5.6 m

11 1.72

12 4.2 L

1 (1)
$$7 \overline{\smash{)}\,9.31} \quad \begin{array}{r} 1.33 \\ \hline 7 \\ \hline 2\,3 \\ 2\,1 \\ \hline 2\,1 \\ 2\,1 \\ \hline 0 \end{array}$$

또는 $9.31 \div 7 = \dfrac{931}{100} \div 7 = \dfrac{931 \div 7}{100} = \dfrac{133}{100} = 1.33$

(2)
$$6 \overline{\smash{)}\,25.38} \quad \begin{array}{r} 4.23 \\ \hline 2\,4 \\ \hline 1\,3 \\ 1\,2 \\ \hline 1\,8 \\ 1\,8 \\ \hline 0 \end{array}$$

또는

$25.38 \div 6 = \dfrac{2538}{100} \div 6 = \dfrac{2538 \div 6}{100} = \dfrac{423}{100} = 4.23$

2
$$19 \overline{\smash{)}\,45.98} \quad \begin{array}{r} 2.42 \\ \hline 3\,8 \\ \hline 7\,9 \\ 7\,6 \\ \hline 3\,8 \\ 3\,8 \\ \hline 0 \end{array}$$

3
$$25 \overline{\smash{)}\,21.00} \quad \begin{array}{r} 0.84 \\ \hline 2\,0\,0 \\ \hline 1\,0\,0 \\ 1\,0\,0 \\ \hline 0 \end{array} \qquad 12 \overline{\smash{)}\,27.00} \quad \begin{array}{r} 2.25 \\ \hline 2\,4\,0 \\ \hline 3\,0 \\ 2\,4 \\ \hline 6\,0 \\ 6\,0 \\ \hline 0 \end{array}$$

4 $56.7 > 14$이므로 $56.7 \div 14$를 계산합니다.

$$14 \overline{\smash{)}\,56.70} \quad \begin{array}{r} 4.05 \\ \hline 5\,6 \\ \hline 7\,0 \\ 7\,0 \\ \hline 0 \end{array}$$

5 $13.5 \div 6 = 2.25$, $192.48 \div 24 = 8.02$

7 나누어지는 수 5.32의 자연수 부분 5는 나누는 수 7보다 작으므로 몫의 자연수 부분에 0을 쓰고 계산합니다.

8 $41.2 \div 8 = 5.15$, $8.6 \div 5 = 1.72$
⇨ $5.15 > 1.72$

9 나누어지는 수의 자연수 부분이 나누는 수보다 작으면 몫이 1보다 작습니다.

10
⑨ $4.24 > 4$ ⇨ $4.24 \div 4 > 1$
⑥ $4.86 < 6$ ⇨ $4.86 \div 6 < 1$
⑥ $7.55 > 5$ ⇨ $7.55 \div 5 > 1$
⑥ $6.03 < 9$ ⇨ $6.03 \div 9 < 1$

10 정사각형의 네 변의 길이는 모두 같습니다.
(꽃밭의 한 변의 길이)=(꽃밭의 둘레의 길이)÷4
$= 22.4 \div 4 = 5.6 \,(\text{m})$

11 수 카드 중 2장을 골라 만들 수 있는 가장 큰 소수 한 자리 수는 8.6입니다. 8.6을 남은 수 카드의 수 5로 나누면 $8.6 \div 5 = 1.72$입니다.

12 (차 한 대에 넣어야 하는 휘발유의 양)
=(전체 휘발유의 양)÷(자동차의 수)
$= 21 \div 5 = 4.2 \,(\text{L})$

단원평가 심화
76~77쪽

1 방법1 분수의 나눗셈으로 바꾸어 계산합니다.
$21.45 \div 3 = \dfrac{2145}{100} \div 3 = \dfrac{2145 \div 3}{100}$
$= \dfrac{715}{100} = 7.15$

방법2 자연수의 나눗셈을 이용하여 세로로 계산합니다.

$$3 \overline{\smash{)}\,21.45} \quad \begin{array}{r} 7.15 \\ \hline 2\,1 \\ \hline 4 \\ 3 \\ \hline 1\,5 \\ 1\,5 \\ \hline 0 \end{array}$$

2 3개

3 해설 참조 / 0.85

4 4⊙5⊙9 / 해설 참조

5 0.35 km

6 ⑥

160

2 $54.9 \div 15 = 3.66 \Rightarrow 3.66 > \square$

　　$\square$ 안에 들어갈 수 있는 자연수는 1, 2, 3입니다.

3 어떤 수를 $\square$라 하면 $\square \times 9 = 7.65$입니다.

　　$\square = 7.65 \div 9 = 0.85$입니다.

4 32.13을 버림하여 일의 자리까지 나타내면 32입니다.

　　32를 7로 나누면 몫이 4가 되고 나머지가 4가 되므로

　　$32.13 \div 7$의 몫은 4보다 큰 수입니다. 따라서 4 뒤에 소수

　　점을 찍으면 됩니다.

5 (천둥소리가 1초 동안 간 거리)

　　$=$(번개가 친 곳까지의 거리)$\div$(번개를 본 다음 천둥소리

　　　가 들리기까지의 시간)

　　$=3.15 \div 9 = 0.35$(km)

6 (연료 1 L로 달린 거리)

　　$=$(달린 거리)$\div$(사용한 연료의 양)

　　㉠ $81.38 \div 13 = 6.26$(km)

　　㉡ $33.4 \div 4 = 8.35$(km)

　　㉢ $63 \div 12 = 5.25$(km)

　　$8.35 > 6.26 > 5.25$

4단원 비와 비율

기억하기 80~81쪽

1 2

2 (1) (위에서부터) 6 / 9, 12

　　(2) $\triangle \times 3 = \square$

3 (1) 2

　　(2) 1

4 (1) 4, 5

　　(2) $\dfrac{48}{84}, \dfrac{35}{84}$

생각열기 ❶ 82~83쪽

1 (1) – 두 수를 나눗셈으로 비교합니다.

　　　 – 두 수를 뺄셈으로 비교합니다.

　　(2) – 가로의 길이가 세로의 길이보다 **5 cm** 더 깁

　　　　니다.

　　　 – 가로의 길이는 세로의 길이의 2배입니다.

　　(3) – 가로의 길이가 세로의 길이보다 **10 cm** 더

　　　　깁니다.

　　　 – 가로의 길이는 세로의 길이의 2배입니다.

　　(4) 뺄셈으로 비교하면 길이의 차이가 서로 다르

　　　　고, 나눗셈으로 비교하면 가로의 길이가 세로

　　　　의 길이의 2배로 같습니다.

2 (1) – 두 수를 빼서 비교합니다.

　　　 – 두 수를 나누어서 비교합니다.

　　(2) – 줄넘기한 시간이 10씩 늘어날 때 소모된 열

　　　　량은 44씩 늘어납니다.

　　　 – 소모된 열량에서 줄넘기한 시간을 뺀 값은

　　　　34, 68, 102, 136입니다.

　　　　$44 - 10 = 34$, $88 - 20 = 68$,

　　　　$132 - 30 = 102$, $176 - 40 = 136$

　　(3) 소모된 열량은 줄넘기한 시간의 4.4배입니다.

　　　　$44 \div 10 = 4.4$, $88 \div 20 = 4.4$,

　　　　$132 \div 30 = 4.4$, $176 \div 40 = 4.4$

　　(4) ⑩ 나눗셈이 좋을 것 같습니다. 두 수의 관계를

　　　　나눗셈으로 비교하면 일정한 값을 얻을 수 있

　　　　기 때문입니다.

1 (2) 두 수를 빼면 $10-5=5$, 두 수를 나누면 $10 \div 5=2$ 입니다.

(3) 두 수를 빼면 $20-10=10$, 두 수를 나누면 $20 \div 10=2$입니다.

(4) 뺄셈에서는 길이의 차이가 5 cm, 10 cm로 서로 다르지만, 나눗셈에서는 2배로 같습니다.

2 (2) 소모된 열량에서 줄넘기한 시간을 뺍니다.
두 수를 빼면 $44-10=34$, $88-20=68$, $132-30=102$, $176-40=136$입니다.

(3) 소모된 열량을 줄넘기한 시간으로 나눕니다.
두 수를 나누면 $44 \div 10=4.4$, $88 \div 20=4.4$, $132 \div 30=4.4$, $176 \div 40=4.4$입니다.

(4) 줄넘기한 시간과 소모된 열량을 나눗셈으로 비교하면 결과가 4.4로 일정합니다.

선생님의 참견

두 수를 뺄셈과 나눗셈으로 비교해 보고, 두 수의 관계를 비교할 때 뺄셈과 나눗셈 중 어떤 방법이 좋을지 생각해 보세요. 뺄셈은 두 수의 차이가 얼마인지를, 나눗셈은 한 수가 다른 수의 몇 배인지를 생각하는 것이에요.

개념활용 ❶-1   84~85쪽

1 (1) $600-10=590$(개)이므로 불량품이 아닌 것은 590개입니다.

(2) $10 \div 600=\dfrac{1}{60}$이므로 만든 인형의 $\dfrac{1}{60}$은 불량품입니다.

(3) 10 : 600

(4) 10 대 600 / 10과 600의 비 / 10의 600에 대한 비 / 600에 대한 10의 비

2 (1) (위에서부터) 2000, 3000 / 800

(2) 예 200 : 1000

(3) 예 200 대 1000 / 200과 1000의 비 / 200의 1000에 대한 비 / 1000에 대한 200의 비

(4) 틀립니다에 ○표 / 판매 금액이 기준이므로 : 의 오른쪽에 판매 금액 1000을 적어야 하기 때문입니다.

1 (3) 전체 인형의 수 600이 기준입니다.

2 (2) 판매 금액 1000원당 기부 금액은 200원입니다. 판매 금액에 대한 기부 금액의 비는 '기부 금액 : 판매 금액' 입니다.

(4) 1000 : 200은 기준이 200, 즉 기부 금액이 기준입니다. 판매 금액 1000원이 기준이려면 :의 오른쪽에 판매 금액을 적습니다.

생각열기 ❷   86~87쪽

1 (1) 6 : 25   (2) 5 : 20

(3) $\dfrac{6}{25}(=0.24)$배, 0.24

(4) $\dfrac{5}{20}(=0.25)$배, 0.25

(5) 언니

2 (1) ― ㉮ / 왜냐하면 10000원을 기준으로 생각하면 ㉮는 1600원을 할인하는 것이고, ㉯는 1500원을 할인하는 것이기 때문입니다.
― ㉯ / ㉯의 할인 금액은 600원이고 ㉮의 할인 금액은 400원이기 때문입니다.

(2) $\dfrac{400}{2500}\left(=\dfrac{4}{25}\right)$배, 할인율: $\dfrac{400}{2500}\left(=\dfrac{4}{25}\right)$, 0.16

(3) $\dfrac{600}{4000}\left(=\dfrac{3}{20}\right)$배, 할인율: $\dfrac{600}{4000}\left(=\dfrac{3}{20}\right)$, 0.15

(4) ㉮ / ㉮의 할인율은 0.16이고 ㉯의 할인율은 0.15이기 때문입니다.

(5) 기준이 되는 양, 즉 사탕의 판매 가격이 같으면 비교하기 쉽습니다.

1 (1) 들어간 횟수는 6회, 전체 던진 횟수는 25회이고 전체 던진 횟수가 기준입니다.

(2) 들어간 횟수는 5회, 전체 던진 횟수는 20회이고 전체 던진 횟수가 기준입니다.

(3) $6=25 \times \square$, 즉 $\square=6 \div 25=\dfrac{6}{25}=0.24$

(4) $5=20 \times \square$, 즉 $\square=5 \div 20=\dfrac{5}{20}=0.25$

(5) 바다의 골 성공률은 0.24이고, 언니의 골 성공률은 0.25입니다.

2 (2) 분수: $\dfrac{400}{2500}\left(=\dfrac{4}{25}\right)$,

소수: $400 \div 2500 = 0.16$

(할인 금액)＝(사탕 가격)×(할인율)

(할인율)＝(할인 금액)÷(사탕 가격)

(3) 분수: $\dfrac{600}{4000}\left(=\dfrac{3}{20}\right)$,

소수: $600 \div 4000 = 0.15$

(할인 금액)＝(사탕 가격)×(할인율)

(할인율)＝(할인 금액)÷(사탕 가격)

(5) 기준량을 같게 하면 계산이 편리합니다.

선생님의 참견

비교하는 두 수를 나눗셈으로 비교하여 좀 더 자세히 살펴보는 활동이에요. 기준이 되는 기준량과 비교하는 수인 비교하는 양의 크기를 비교하고, 실생활에서 비가 사용되는 상황을 알아보세요.

개념활용 ②-1

88~89쪽

1 (1) $8:25$

(2) 바다 / 바다가 말한 대로 구해 보면 ☐＝0.32 이고, 하늘이가 말한 대로 구해 보면 ☐＝3.125 인데, 안경을 쓴 학생 수는 반 학생 수보다 적으므로 ☐는 1보다 크지 않은 수입니다.

(3) $\dfrac{8}{25}$배, 0.32배

2 (1) 서울, ⑩ 서울이 제주보다 넓이는 작고 인구는 많기 때문입니다.

(2) 16293

(3) 355

(4) ⑩ 인구밀집도를 구할 때, 넓이 1에 1명보다 2명이 있을 때 더 밀집합니다. 즉 1명일 경우 $\dfrac{(\text{넓이})}{(\text{인구})}$로 계산하면 $\dfrac{(\text{넓이})}{(\text{인구})}=\dfrac{1}{1}=1$이고, 2명일 경우 $\dfrac{(\text{넓이})}{(\text{인구})}=\dfrac{1}{2}$이 되어 밀집하지만 수치는 작아지는 역전현상이 생깁니다. 따라서 밀집할 때 수치가 더 크게 나오는 $\dfrac{(\text{인구})}{(\text{넓이})}$를 사용하는 것이 더 타당합니다.

---

1 (1) 반 학생 수가 기준입니다.

(2) 안경을 쓴 학생 수는 반 학생 수의 몇 배인지 구하려면 (안경을 쓴 학생 수)÷(반 학생 수)를 계산합니다.

(3) (안경을 쓴 학생 수)÷(반 학생 수)

$=\dfrac{(\text{안경을 쓴 학생 수})}{(\text{반 학생 수})}=\dfrac{8}{25}=\dfrac{32}{100}=0.32$

2 (2) (비율)＝$\dfrac{9857000}{605}=16292.5\cdots$이므로 반올림하여 자연수로 나타내면 16293입니다.

(3) (비율)＝$\dfrac{657000}{1850}=355.1\cdots$이므로 반올림하여 자연수로 나타내면 355입니다.

(4) 인구밀집도를 거꾸로 계산하면 밀집도의 수치가 역전됩니다. 따라서 밀집할 때 수치가 더 크게 나오는 $\dfrac{(\text{인구})}{(\text{넓이})}$를 사용하는 것이 더 타당합니다.

개념활용 ②-2

90~91쪽

1 (1) 기준량을 동일하게 맞추어야 합니다.

(2) 60권

(3) 55개

(4) 책 / 기준량을 100으로 맞추었을 때 책은 60권, 인형은 55개가 팔린 것이므로 책의 판매율이 더 높습니다.

2 (1) 48 %

(2) 33 %

(3) 19 %

(4) ⑩ 직업 체험관 / 학생 48 %가 직업 체험관을 선택하여 가장 많은 학생이 원하는 곳이기 때문입니다.

---

1 (2) 50권 중 30권이 판매되었으므로 100(＝50×2)권이 있었다면 60(＝30×2)권이 판매된 것입니다.

(3) 20개 중 11개가 판매되었으므로 100(＝20×5)개가 있었다면 55＝(11×5)개가 판매된 것입니다.

(4) 판매율은 (팔린 물건의 수)÷(물건의 수)로 구합니다.

2 (1) $\dfrac{48}{100}=48$ % 또는 $\dfrac{48}{100}\times100=48$을 구한 다음 기호 %를 붙입니다.

(2) $\dfrac{33}{100}=33$ % 또는 $\dfrac{33}{100}\times100=33$을 구한 다음 기호 %를 붙입니다.

(3) $\dfrac{19}{100}=19$ % 또는 $\dfrac{19}{100}\times100=19$를 구한 다음 기호 %를 붙입니다.

스스로 정리

1 – 두 수를 나눗셈으로 비교하기 위해 기호 :을 사용하여 나타낸 것을 비라고 합니다.
　– 두 수 3과 2를 비교할 때 3 : 2라 쓰고 3 대 2라고 읽습니다.
　– 3 : 2는 "3과 2의 비", "3의 2에 대한 비", "2에 대한 3의 비"라고도 읽습니다.

2 – 비율이란 '기준량에 대한 비교하는 양의 크기'를 의미합니다.
　– 비 3 : 5에서 기호 :의 오른쪽에 있는 5는 기준량이고, 왼쪽에 있는 3은 비교하는 양입니다.
　– (비율)=(비교하는 양)÷(기준량)
　　 $=\dfrac{(비교하는\ 양)}{(기준량)}$

개념 연결

크기가 같은 분수 (1) 예 $\dfrac{4}{10}$ / $\dfrac{6}{15}$ / $\dfrac{8}{20}$

　　　　　　　 (2) 예 $\dfrac{2}{12}$ / $\dfrac{1}{6}$ / $\dfrac{8}{48}$

대응 관계 　(1) 180, 300, 600
　　　　　　 (2) □×60=△

1 빠르기를 구하기 위해 시간을 거리로 나눠 보면
산 ⇨ $\dfrac{2}{100}=0.02$,
바다 ⇨ $\dfrac{5}{400}=\dfrac{1}{80}=\dfrac{125}{10000}=0.0125$야.
산이가 더 빠르지.
거리를 시간으로 나누면 산 ⇨ $\dfrac{100}{2}=50$,
바다 ⇨ $\dfrac{400}{5}=80$으로 바다가 더 빨라. 그런데 산이는 2분에 100 m를 움직였고, 바다가 움직인 시간은 산이의 2.5배, 움직인 거리는 4배이므로 바다가 더 빨라. 빠르기와 수치가 일치하려면 빠르기는 거리를 시간으로 나눠야 해. 따라서 산이와 바다의 빠르기는 각각 50, 80이고, 바다가 더 빨라.

선생님 놀이

1 홍민이의 성공률이 가장 높습니다.
세 선수의 페널티킥 성공률을 비교해 보면
기혁: $\dfrac{21}{30}=\dfrac{7}{10}=0.7$,
홍민: $\dfrac{17}{20}=\dfrac{85}{100}=0.85$,
승용: $\dfrac{8}{10}=0.8$입니다.

2 15000원인데 9000원을 내므로 6000원을 할인받는 것입니다.
$\dfrac{6000}{15000}=\dfrac{6}{15}=\dfrac{2}{5}=\dfrac{40}{100}$이므로 할인받는
비율은 40 %입니다.

단원평가 기본

1 11 / 4

2 30, 11, 비율

3 $\dfrac{7}{10}$ / 0.7

4 ㉠, ㉢

5 (1) 5, 3
　(2) 3, 5

6 ③, ④

7 100, 25

8 63 %

9 (1) 걸린 시간
　(2) 100, 21

10

11 ③

12 (1) 육십구 퍼센트
　(2) 13 %

13 <

14 25 %

15 80 %

16 0.25

1 비에서 :의 오른쪽에는 기준량을 쓰고, :의 왼쪽에는 비교하는 양을 씁니다.

2 비에서 :의 오른쪽에는 기준량을 쓰고, :의 왼쪽에는 비교하는 양을 씁니다. 비율은 기준량에 대한 비교하는 양의 크기를 말합니다.

3 (비율)$=\dfrac{(비교하는 양)}{(기준량)}=\dfrac{7}{10}=0.7$

4 ㉠ 2 : **3**　　㉡ 3 : **6**
㉢ 5 : **3**　　㉣ 3 : **10**
기준량이 3인 비는 ㉠, ㉢입니다.

5 김밥 수와 도넛 수의 비 ⇨ (김밥 수) : (도넛 수)
김밥 수에 대한 도넛 수의 비 ⇨ (도넛 수) : (김밥 수)

6 ③ 10과 5의 비 ⇨ 10 : 5
④ 5에 대한 10의 비는 ⇨ 10 : 5

7 비율을 백분율로 나타내려면 100을 곱하여 구합니다.

8 백분율은 기준량을 100으로 할 때의 비율을 의미합니다.
$0.63=\dfrac{63}{100}=63\ \%$

10 $0.68=\dfrac{68}{100}=68\ \%$
$\dfrac{3}{4}=\dfrac{75}{100}=75\ \%$
$\dfrac{23}{100}=23\ \%$

11 7 : 20의 비율 ⇨ $\dfrac{7}{20}=\dfrac{35}{100}=0.35$
20 : 7의 비율 ⇨ $\dfrac{20}{7}$

13 $\dfrac{21}{25}=\dfrac{84}{100}$이므로 84 %입니다. 따라서 86 %가 더 큽니다.

14 (할인받은 금액)$=32000-24000=8000(원)$
(할인율)$=\dfrac{(할인받은 금액)}{(원래 장난감 가격)}=\dfrac{8000}{32000}=\dfrac{1}{4}$
⇨ $\dfrac{1}{4}\times100=25(\%)$

15 $\dfrac{40}{50}\times100=80(\%)$

16 3 : 12 $=\dfrac{3}{12}=0.25$

단원평가 심화

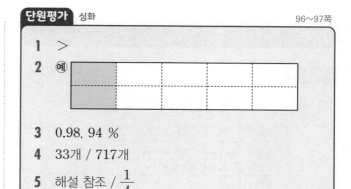

1 >

2 예

3 0.98, 94 %

4 33개 / 717개

5 해설 참조 / $\dfrac{1}{4}$

6 해설 참조 / 가 우유

7 해설 참조 / 5000원, 15000원

1 203 %$=\dfrac{203}{100}=2.03$이므로 2.037 > 203 %입니다.

2 전체 10칸 중 색칠한 부분은 $\dfrac{1}{5}$이므로 $10\times\dfrac{1}{5}=2$(칸)입니다.

3 기준량이 비교하는 양보다 크면 비율은 1보다 작으므로 0.98과 94 %는 기준량이 비교하는 양보다 큽니다.

4 (불량품의 수)$=750\times\dfrac{11}{250}=33$(개)
(판매할 수 있는 인형의 수)$=750-33=717$(개)

5 (본선에 진출한 학생 수)$=60-45=15$(명)
⇨ (비율)$=\dfrac{(본선에 진출한 학생 수)}{(대회에 참가한 학생 수)}=\dfrac{15}{60}=\dfrac{1}{4}$

6 가 우유: $\dfrac{10}{500}\times100=2(\%)$
나 우유: $\dfrac{18}{450}\times100=4(\%)$
따라서 가 우유가 저지방 우유입니다.

7 상품을 정가로 구매하면
$4000+6000+10000=20000(원)$을 지불해야 합니다.
25 % ⇨ $\dfrac{25}{100}$
$20000\times\dfrac{25}{100}=5000$(원)을 할인하므로 지불할 금액은
$20000-5000=15000$(원)입니다.

기억하기 100~101쪽

1 예 우리 학년 학생들이 읽고 싶은 책의 종류

종류	학생 수
동화책	👤 👤👤👤👤👤👤👤👤👤
위인전	👤 👤👤👤👤👤
과학책	👤👤
역사책	👤👤 👤👤👤👤

👤 10명 👤 1명

2 예 – 학생들이 가장 좋아하는 과목은 체육입니다.
 – 학생들이 두 번째로 좋아하는 과목은 수학입니다.
 – 국어를 좋아하는 학생은 5명입니다.
 – 과학을 좋아하는 학생은 4명입니다.

3 예 연도별 내 키 / 연도별 강수량 / 월별 최저 기온

4

	득표수	득표율(%)
산	105	42
하늘	135	54
무효표	10	4

4 산: $\dfrac{105}{250} \times 100 = 42(\%)$, 하늘: $\dfrac{135}{250} \times 100 = 54(\%)$
 무효표: $\dfrac{10}{250} \times 100 = 4(\%)$

생각열기❶ 102~103쪽

1 (1) – 막대그래프 / 자료의 많고 적음을 알 수 있습니다.
 – 그림그래프 / 그림의 크기로 자료의 많고 적음을 쉽게 알 수 있습니다.
 (2) 장점
 예 – 수량을 지도에 직접 간단한 그림으로 나타내므로 권역별 분포를 한눈에 파악할 수 있습니다.
 – 그림의 크기로 많고 적음을 쉽게 알 수 있습니다.
 – 그림그래프는 복잡한 자료를 간단하게 보여 줍니다.
 단점
 예 해석하기는 쉽지만 비율이 왜곡되거나 시각적 오류가 생길 수 있습니다. 예를 들어, 10억 톤을 나타내는 그림 크기가 실제로 1억 톤을 나타내는 그림 크기의 10배가 아닙니다.

(3) 예 – 국가별 이산화탄소 배출량을 나타낸 그래프입니다.
 – 우리나라의 이산화탄소 배출량은 약 6억 톤입니다.
 – 중국의 이산화탄소 배출량이 가장 많습니다.
 – 호주와 브라질의 이산화탄소 배출량은 약 4억 톤으로 비슷합니다.

(4) 예 – 그림그래프는 자료의 특징에 맞는 그림을 사용하므로 이해하기가 더 쉽습니다.
 – 정확한 수치를 알기 위해서는 표가 더 유용합니다.

2 예 – 물고기가 살 정도로 정화하는 데 필요한 물의 양을 나타낸 그래프입니다.
 – 큰 물병 그림은 1000 L, 작은 물병 그림은 100 L를 의미합니다.
 – 라면 국물 150 mL로 오염된 물을 정화하는 데 필요한 물의 양은 약 300 L입니다.
 – 우유 150 mL로 오염된 물을 정화하는 데 필요한 물의 양이 가장 많습니다.

선생님의 참견

3학년 때 그림그래프를 그린 경험을 바탕으로 큰 수로 나타낸 자료를 그림그래프로 표현해요. 자료를 그림그래프로 나타내고, 그림그래프를 해석하는 활동을 통해 그림그래프의 특징과 활용하는 방법을 스스로 발견할 수 있어요.

개념활용 ❶-1 104~105쪽

1 (1) 1억 명 / 1000만 명
 (2) 미국 / 호주
 (3) 예 – 우리나라의 이동전화 가입자 수는 약 7000만 명입니다.
 – 미국의 이동전화 가입자 수는 브라질의 이동전화 가입자 수의 약 2배입니다.
 – 호주의 이동전화 가입자 수는 약 3000만 명으로 가장 적습니다.
 (4) 예 – 수치를 숫자로 나타내지 않고 그림이나 기호로 나타냅니다.
 – 수치를 자료의 내용과 어울리는 그림으로 나타냅니다.

2 (1) 2가지 단위로 나타내야 하므로 십의 자리에서 반올림하여 백의 자리와 천의 자리만 남깁니다.

(2) 예

학교 수(개)	1000	100
그림		

(3) 예

2019년도 권역별 초등학교 수

	1000	개
	100	개

(4) 예 – 서울·인천·경기 권역의 초등학교 수가 가장 많습니다.
   – 제주 권역의 초등학교 수가 가장 적습니다.
   – 광주·전라 권역의 초등학교 수는 약 1000개입니다.
   – 대전·세종·충청 권역의 초등학교 수는 강원 권역의 초등학교 수의 약 3배입니다.

생각열기 ❷

106~107쪽

1 틀립니다에 ○표 /
조사 인원이 10대는 250명이고 20대는 150명으로 전체 조사 대상의 수가 달라 '비율이 2배이다.'라고 말할 수 없기 때문입니다.

2 – 전체 조사 대상의 수를 같게 합니다.
   – 전체에 대한 각 부분의 비율을 구해서 비교할 수 있습니다.

3 예 – 수치를 수량으로 나타내지 않고 비율로 나타냈습니다.
   – 항목과 함께 비율을 나타냈습니다.
   – 표나 다른 그래프와 비교하여 구체적인 수량을 알 수 없습니다.
   – 전체에 대한 각 부분의 비율을 쉽게 알 수 있습니다.
   – 각 항목끼리의 비율을 쉽게 비교할 수 있습니다.

4 예 – 우리 지역 10대와 20대가 좋아하는 체육 활동을 조사한 그래프입니다.
   – 무도를 좋아하는 10대의 수는 20대의 수보다 많지만 비율로 나타내면 10대와 20대 모두 16 %로 같습니다.
   – 생활 운동을 좋아하는 10대의 수는 20대의 수보다 많지만 비율로 나타내면 10대는 44 %이고 20대는 50 %이므로 20대의 비율이 더 큽니다.

5 (공통점)
   예 – 수치를 수량으로 나타내지 않고 비율로 나타냈습니다.
   – 표나 다른 그래프와 비교하여 구체적인 수량을 알 수 없습니다.
   – 둘 다 전체에 대한 각 부분의 비율을 쉽게 알 수 있습니다.
   – 각 항목끼리의 비율을 쉽게 비교할 수 있습니다.

(차이점)
   예 문제 **3**의 그래프는 띠 모양이고, 이 그래프는 원 모양입니다.

6 예 – 자료를 보고 각 항목의 백분율을 구해야 합니다.
   – 각 항목의 백분율의 합계가 100 %가 되는지 확인해야 합니다.
   – 각 항목이 차지하는 백분율의 크기만큼 선을 그어 나누고, 나눈 부분에 각 항목의 내용과 백분율을 써야 합니다.

1 구기를 좋아하는 10대의 수는 20대의 수의 2배입니다.
하지만 비율로 나타내면

10대: $\dfrac{90}{250} \times 100 = 36(\%)$

20대: $\dfrac{45}{150} \times 100 = 30(\%)$이므로 바다의 의견은 틀립니다.

(선생님의 참견)
비율을 그래프로 나타내는 활동을 해요. 막대그래프나 꺾은선그래프에서 수치(개수)를 사용한 것과 다르게 전체와 부분 사이의 관계를 나타낸 비율을 이용하는 그래프의 필요성을 이해하는 것이 중요해요.

1

종류	축구	야구	피구	줄넘기	농구	기타	합계
학생 수 (명)	6	3	4	3	2	2	20

2 달리기, 수영

3 (1) 30 / (왼쪽에서부터) 3, 20, 15

(2)

종류	축구	야구	피구	줄넘기	농구	기타	합계
학생 수 (명)	6	3	4	3	2	2	20
백분율 (%)	30	15	20	15	10	10	100

(3) 백분율을 모두 더하면 100 %가 됩니다.

4 (1), (2)

좋아하는 운동별 학생 수

5 예 – 바다네 반에서 가장 많은 학생이 좋아하는 운동은 축구입니다.

– 농구와 기타 운동을 좋아하는 학생들의 비율은 서로 같습니다.

– 축구를 좋아하는 학생들의 비율은 줄넘기(야구)를 좋아하는 학생들의 비율의 2배입니다.

– 야구 또는 줄넘기를 좋아하는 학생들의 비율의 합은 30 %입니다.

3 (3) 30＋15＋20＋15＋10＋10＝100

---

1 – 전체 학생 수에 대한 환경 보호 활동별 학생 수의 백분율을 구하고, 비율을 이용하여 그래프로 나타냅니다.

– 띠그래프로 나타냅니다.

2 (1) (왼쪽에서부터) 36, 240, 15

(2) (왼쪽에서부터) 15, 20, 25, 35, 5, 100

(3) 백분율을 모두 더하면 100 %가 됩니다.

---

3 (1), (2)

환경 보호 활동별 학생 수

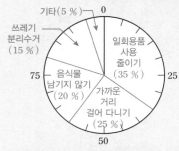

4 예 – 가장 많은 학생이 응답한 항목은 일회용품 사용 줄이기입니다.

– 음식물 남기지 않기에 응답한 학생 수는 기타에 응답한 학생 수의 4배입니다.

– 가까운 거리 걸어 다니기에 응답한 학생 수가 두 번째로 많습니다.

– 일회용품 사용 줄이기 또는 가까운 거리 걸어 다니기에 응답한 학생들의 비율의 합은 60 % 입니다.

5 공통점

– 둘 다 비율그래프입니다.

– 전체를 100 %로 하여 전체에 대한 각 부분의 비율을 알기 편합니다.

차이점

띠그래프는 가로를 100등분 하여 띠 모양으로 나타낸 것이고, 원그래프는 원의 중심을 따라 각을 100등분 하여 원 모양으로 나타낸 것입니다.

---

1 (1) ㉠ 예 – 1일 분리배출 음식물류 양은 경기가 가장 많습니다.

– 1일 분리배출 음식물류 양은 세종이 가장 적습니다.

㉡ 예 – 서울 지역 1일 분리배출 음식물류 양은 2015년에 가장 많았습니다.

– 서울 지역 1일 분리배출 음식물류 양은 2015년부터 2017년까지 감소하고 있습니다.

㉢ 예 – 음식물 쓰레기는 유통·조리 과정에서 가장 많이 발생합니다.

– 음식물 쓰레기 중 먹고 남긴 음식물의 비율이 30 %입니다.

(2) ㉠ 막대그래프는 수량의 많고 적음을 한눈에 비교하기 쉽습니다.

㉡ 꺾은선그래프는 시간에 따라 연속적으로 변하는 양을 나타내는 데 편리합니다.

㉢ 띠그래프는 전체에 대한 각 부분의 비율을 한눈에 알아보기 쉽습니다.

2 (1)

처리 방법	소각	매립	재활용	기타	합계
배출량(톤)	3200	2400	1600	800	8000
백분율(%)	40	30	20	10	100

(2)

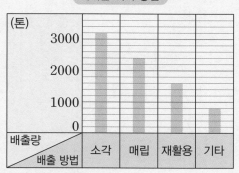

폐기물 처리 방법

(3)

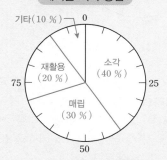

폐기물 처리 방법

(4)

폐기물 처리 방법

(5) 그림그래프

예 그림의 크기로 많고 적음을 알 수 있습니다.

원그래프

예 전체에 대한 각 부분의 비율을 한눈에 알아보기 쉽습니다.

스스로 정리

1 – 그림의 크기로 수량의 많고 적음을 쉽게 알 수 있습니다.

– 자료에 따라 상징적인 그림을 사용할 수 있습니다.

2 – 전체에 대한 각 부분의 비율을 한눈에 알아보기 쉽습니다.

– 여러 개의 띠그래프를 사용하면 비율의 변화 상황을 나타내는 데 편리합니다.

3 – 전체에 대한 각 부분의 비율을 한눈에 알아보기 쉽습니다.

– 각 항목의 비율을 쉽게 비교할 수 있습니다.

개념 연결

표 해석하기	(1) 여행을 가고 싶은 학생 수가 절반이 넘습니다. (2) 독서와 휴식을 원하는 학생 수가 같습니다.
백분율	기준량을 100으로 할 때의 비율을 백분율이라고 합니다. 백분율은 기호 %를 사용하여 나타냅니다. 비율 $\frac{85}{100}$를 85 %라 쓰고 85퍼센트라고 읽습니다.

① 표의 내용을 원그래프로 나타내기 위해 먼저 전체 학생에 대한 하고 싶은 일별 학생 수의 백분율을 구했어.

종류	여행	운동	독서	휴식	기타	합계
학생 수(명)	12	1	3	3	1	20
백분율(%)	60	5	15	15	5	100

그다음 원그래프에 각 항목이 차지하는 백분율의 크기만큼 선을 그어 원을 나누고, 나눈 부분에 각 항목의 내용과 백분율을 썼어.

마지막으로 원그래프의 제목을 썼어.

방학 동안 하고 싶은 일별 학생 수

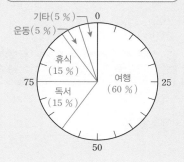

1

장래 희망별 학생 수

| 0 10 20 30 40 50 60 70 80 90 100 (%) |

| 인공지능 전문가 (25 %) | 선생님 (45 %) | 연예인 (15 %) | | |

요리사(10 %)
기타(5 %)

띠그래프를 그리기 위해서 각 장래 희망별 학생 수의 백분율을 먼저 구합니다. 백분율을 계산하면 순서대로 25 %, 45 %, 15 %, 10 %, 5 %이므로 이것을 띠그래프로 나타냅니다.
띠그래프의 제목을 '장래 희망별 학생 수'라고 씁니다.

2 ① 숭례문을 좋아하는 학생의 비율이 30 %로 가장 많습니다.
② 경복궁을 좋아하는 학생의 비율이 25 %로 두 번째로 많습니다.
③ 숭례문을 좋아하는 학생 수는 훈민정음을 좋아하는 학생 수의 2배입니다.

1 (1) – 조사한 학생은 모두 2500명입니다.
     – 방과 후에 휴식을 하고 싶은 학생 수가 875명으로 가장 많습니다.

(2) **예**

방과 후 하고 싶은 활동

하고 싶은 활동	학생 수
휴식	👤👤👤👤👤👤👤👤👤 👤👤👤👤👤👤👤
숙제	👤👤👤👤👤👤👤 👤👤👤👤
방과후학교	👤👤 👤👤👤👤
운동	👤👤👤👤👤👤 👤👤

👤 [100] 명   👤 10명

(3) (위에서부터) 35 / 750, 30 / $\frac{250}{2500}$, 100, 10 / $\frac{625}{2500}$, 100, 25

하고 싶은 활동	휴식	숙제	방과후학교	운동	합계
학생 수(명)	875	750	250	625	2500
백분율(%)	35	30	10	25	100

(4)

| 0 10 20 30 40 50 60 70 80 90 100 (%) |

| 휴식 (35 %) | 숙제 (30 %) | 운동 (25 %) | |

방과후학교(10 %)

(5) **예** – 방과 후에 휴식 시간을 가지고 싶은 학생이 35 %로 가장 많습니다.
     – 방과 후에 숙제 또는 운동을 하고 싶은 학생의 비율의 합은 55 %입니다.

2 (1)

동물	강아지	햄스터	고양이	기타	합계
학생 수 (명)	100	50	75	25	250
백분율 (%)	40	20	30	10	100

키우고 싶은 동물

(2) **예** – 강아지를 키우고 싶은 학생이 가장 많습니다.
     – 강아지 또는 고양이를 키우고 싶은 학생의 비율의 합은 70 %입니다.
     – 강아지를 키우고 싶은 학생의 비율은 기타 동물을 키우고 싶은 학생의 비율의 4배입니다.

3 (1) **예** – 2015년도 15~64세 인구 구성 비율은 73.4 %입니다.
     – 2015년도 65세 이상의 비율은 1965년도 65세 이상의 비율의 약 4배입니다.
     – 갈수록 65세 이상 인구 구성 비율이 증가하는 추세입니다.

(2) **예** 갈수록 14세 이하 인구 구성 비율은 줄어들고 15~64세 비율이 늘어나고 있습니다. 따라서 2035년 우리나라의 14세 이하는 약 5 %, 15~64세의 비율은 약 80 %, 65세 이상 비율은 약 15 %가 될 것 같습니다.

4 (위에서부터) 꺾은선그래프 / 그림그래프, 막대그래프 / 띠그래프, 원그래프

1 (1) 수영장 수영장에 가고 싶은 학생 수의 백분율은
30 %입니다.
$840 \times 0.3 = 252$
따라서 252(명)입니다.
계곡 $840 - (252 + 336 + 126 + 42)$를 계산
하면 84(명)입니다.

(2)

장소	수영장	바다	계곡	놀이동산	기타	합계
학생 수(명)	252	336	84	126	42	840
백분율 (%)	30	40	10	15	5	100

(3)

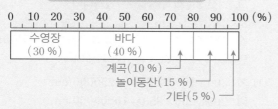

여름 방학에 가고 싶은 장소

(4) 예 – 여름 방학에 바다에 가고 싶은 학생의 수
가 가장 많습니다.
– 바다에 가고 싶은 학생의 비율은 계곡에
가고 싶은 학생의 비율의 4배입니다.
– 바다 또는 수영장에 가고 싶은 학생의 비
율의 합은 70 %입니다.

2 (1) 35, 25, 20, 15, 5, 100

(2)

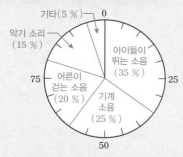

층간 소음 스트레스 발생 원인

예 – 아이들이 뛰는 소음의 비율이 가장 높습니
다.
– 아이들이 뛰는 소음과 기계 소음의 비율
의 합은 60 %입니다.

(3) 예 – 집 안에서 뛰지 않습니다.
– 텔레비전 소리를 너무 크게 하지 않고, 세
탁기, 청소기는 너무 이른 시각이나 너무
늦은 시각에 사용하지 않습니다.

1 (1) 식 $5 \times 4 = 20 (cm^2)$
답 $20\ cm^2$

(2) 식 $3 \times 3 = 9 (cm^2)$
답 $9\ cm^2$

(3) 식 $9 \times 5 = 45 (cm^2)$
답 $45\ cm^2$

(4) 식 $2 \times 3 \div 2 = 3 (cm^2)$
답 $3\ cm^2$

(5) 식 $8 \times 6 \div 2 = 24 (cm^2)$
답 $24\ cm^2$

(6) 식 $(5 + 7) \times 4 \div 2 = 24 (cm^2)$
답 $24\ cm^2$

2 (1) 면 마
(2) 면 가, 면 다, 면 마, 면 바

3

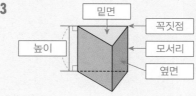

구성 요소	개수 (개)
밑면	2
꼭짓점	6
모서리	9
옆면	3

1 (1) 가 또는 나
(2) – 가의 높이가 더 높기 때문입니다.
– 나의 세로의 길이가 더 길기 때문입니다.
(3) – 길이로 비교합니다.
– 넓이로 비교합니다.
– 안에 물건을 넣어서 비교합니다.

2 (1) 나 또는 다
(2) – 나에 블록이 18개 들어가기 때문입니다.
– 다에 타일이 18개 들어가기 때문입니다.
(3) 공간의 크기는 같지 않습니다. / 두 상자를 채운
물건의 개수가 같아도 물건의 크기가 다르기 때
문입니다.
(4) – 가와 나처럼 기준이 되는 블록의 크기가 같
은 경우 많이 들어가는 상자가 공간에서 차
지하는 크기가 큽니다.
– 나와 다처럼 들어가는 물건의 개수가 같은
경우 기준이 되는 물건의 크기가 큰 상자가
공간에서 차지하는 크기가 큽니다.

1 (3) 길이, 넓이, 쌓기나무 넣기 등의 방법으로 자유롭게 비교해 볼 수 있습니다.

개념활용 ❶-1 126~127쪽

1 (1) 40개 / 48개
(2) **가**보다 **나**의 부피가 더 큽니다. 쌓기나무의 수를 세어 비교하면 **가**는 쌓기나무 40개, **나**는 쌓기나무 48개로 이루어져 있습니다.
(3) 40 cm³ / 48 cm³

2 (1) 부피가 1 cm³인 쌓기나무를 쌓아서 구합니다.
(2) 120개
(3) 120 cm³
(4) – 직육면체의 가로, 세로, 높이를 곱합니다.
 – (밑면의 넓이)×(높이)를 계산합니다.

1 (1) 가: $4 \times 2 \times 5 = 40$(개), 나: $3 \times 4 \times 4 = 48$(개)
(3) 가: $4 \times 2 \times 5 = 40$(cm³), 나: $3 \times 4 \times 4 = 48$(cm³)

2 (2) 한 층에 쌓을 수 있는 쌓기나무의 개수는 24개이고, 위로 5층까지 쌓을 수 있습니다.
(3) 직육면체의 가로, 세로, 높이를 곱합니다.
 $6 \times 4 \times 5 = 120$(cm³)
(4) 직육면체의 부피는 밑면의 쌓기나무가 높이만큼 쌓여 있다고 볼 수 있기 때문에 (밑면의 넓이)×(높이)로 구할 수도 있습니다.

개념활용 ❶-2 128~129쪽

1 (1) 쌓기나무를 쌓아서 구합니다.
(2) 27개
(3) 27 cm³
(4) 정육면체의 한 모서리의 길이를 3번 곱합니다.
 (정육면체의 부피)=(한 모서리의 길이)×(한 모서리의 길이)×(한 모서리의 길이)

2 (1) 11250000 cm³ / 10000000 cm³
(2) 숫자가 너무 커서 계산하기 어렵고, 읽기에도 불편합니다.
(3) cm³보다 큰 단위를 사용합니다.
(4) 11.25 m³ / 10 m³

1 (2) 한 층에 쌓을 수 있는 쌓기나무의 수는 $3 \times 3 = 9$(개)이고, 위로 3층까지 쌓을 수 있습니다.
(3) $3 \times 3 \times 3 = 27$(cm³)
직육면체의 가로, 세로, 높이에 해당하는 부분이 정육면체의 한 모서리의 길이와 같습니다.

2 (1) 가: $300 \times 150 \times 250 = 11250000$(cm³)
 나: $200 \times 200 \times 250 = 10000000$(cm³)
(2) cm³로 나타내기에 부피가 너무 큽니다.
(4) 가: $3 \times 1.5 \times 2.5 = 11.25$(m³)
 나: $2 \times 2 \times 2.5 = 10$(m³)

생각열기 ❷ 130~131쪽

1 (1) 130 cm²
(2) 직육면체의 밑면의 넓이는 $5 \times 5 = 25$(cm²)이고, 옆면의 넓이는 $5 \times 4 = 20$(cm²)입니다. 따라서 밑면 2개의 넓이 $25 \times 2 = 50$(cm²), 옆면 4개의 넓이 $20 \times 4 = 80$(cm²)를 합하면 130 cm²입니다.
(3) – 여섯 면의 넓이를 각각 구해 모두 더합니다.
 – 마주 보는 두 면의 넓이가 같으므로 하나씩 구해 세 면을 모두 더한 뒤 2배 합니다.

2 (1) – 가 / 높이가 더 짧기 때문입니다.
 – 나 / 가로의 길이가 더 짧기 때문입니다.
(2) 각 상자의 여섯 면의 넓이를 각각 구해 모두 더합니다.
(3) 96 cm²
(4) 94 cm²
(5) 나

2 (3) 한 면의 넓이는 $4 \times 4 = 16(\text{cm}^2)$이므로
$16 \times 6 = 96(\text{cm}^2)$입니다.

(4) 각 면의 넓이를 구해 모두 더하면
$(3 \times 4) + (3 \times 4) + (4 \times 5) + (4 \times 5) + (3 \times 5) + (3 \times 5) = 94(\text{cm}^2)$입니다.

(5) 가에 필요한 색종이는 96 cm², 나에 필요한 색종이는 94 cm²입니다.

선생님의 참견

직육면체 모양의 선물 상자를 만들려면 종이가 얼마나 필요한지 또는 직육면체 모양의 상자 겉면에 색종이를 붙이려면 색종이가 얼마나 필요한지 살펴보는 활동이에요. 직육면체 겉면의 넓이를 구하는 방법을 다양하게 생각해 내는 것이 중요해요.

개념활용 ❷-1   132~133쪽

1 (1) – 여섯 면의 넓이를 각각 구해 모두 더합니다.
– 합동인 면이 3쌍이므로 한 꼭짓점에서 만나는 세 면의 넓이(가, 나, 다)를 구해 각각 2배 한 뒤 더합니다.
– 합동인 면이 3쌍이므로 한 꼭짓점에서 만나는 세 면의 넓이(가, 나, 다)의 합을 구한 뒤 2배 합니다.
– 두 밑면의 넓이와 옆면의 넓이를 더합니다.

(2) – 여섯 면의 넓이를 각각 구해 모두 더하면,
$(8 \times 4) + (5 \times 4) + (8 \times 5) + (5 \times 4) + (8 \times 5) + (8 \times 4) = 184(\text{cm}^2)$입니다.
– 합동인 면이 3쌍이므로 한 꼭짓점에서 만나는 세 면의 넓이(가, 나, 다)를 구해 각각 2배 한 뒤 더하면,
$(8 \times 4) \times 2 + (5 \times 4) \times 2 + (8 \times 5) \times 2 = 184(\text{cm}^2)$입니다.

– 합동인 면이 3쌍이므로 한 꼭짓점에서 만나는 세 면의 넓이(가, 나, 다)의 합을 구한 뒤 2배 하면,
$(8 \times 4 + 5 \times 4 + 8 \times 5) \times 2 = 184(\text{cm}^2)$입니다.
– 두 밑면의 넓이와 옆면의 넓이를 더하면,
$(8 \times 4) \times 2 + (5 \times 4 + 8 \times 5 + 5 \times 4 + 8 \times 5) = 184(\text{cm}^2)$입니다.

(3) 예 합동인 면이 3쌍이므로 한 꼭짓점에서 만나는 세 면의 넓이(가, 나, 다)의 합을 구한 뒤 2배 합니다.

2 (1) 150 cm²
(2) 한 밑면의 넓이를 구한 후 그 넓이를 6배 했습니다.
(3) ☆ × ☆ × 6

---

1 (1) – 여섯 면의 넓이를 각각 구해 모두 더합니다.
가+나+다+라+마+바
– 합동인 면이 3쌍이므로 한 꼭짓점에서 만나는 세 면의 넓이를 구해 각각 2배 한 뒤 더합니다.
가×2+나×2+다×2
– 합동인 면이 3쌍이므로 한 꼭짓점에서 만나는 세 면의 넓이의 합을 구한 뒤 2배 합니다.
(가+나+다)×2
– 두 밑면의 넓이와 옆면의 넓이를 더합니다.
가×2+(나+다+라+마)

2 (1) 한 밑면의 넓이는 $5 \times 5 = 25(\text{cm}^2)$이고, 정육면체는 한 밑면이 6개이므로 $25 \times 6 = 150(\text{cm}^2)$가 필요합니다.
(3) 한 밑면의 넓이는 ☆ × ☆이고, 정육면체는 한 밑면이 6개입니다. 따라서 ☆ × ☆ × 6입니다.

표현하기   134~135쪽

스스로 정리

1 가로, 세로, 높이 / 밑면의 넓이

2 ㉠(=㉺), ㉡(=㉣), ㉢(=㉤)
/ ㉠(=㉺), ㉡(=㉣), ㉢(=㉤)
/ 옆면

단위 넓이	1 cm^2, 1 제곱센티미터
직사각형의 넓이	가로, 세로, 한 변의 길이, 한 변의 길이

1 이 전개도로 만들어지는 직육면체의 세 모서리의 길이는 6 cm, 4 cm, 2 cm이고, 직육면체는 마주 보는 면의 넓이가 서로 같으므로 겉넓이는 세 면의 넓이의 합을 구한 뒤 2배 하면 돼.
세 면의 넓이는 각각 $6 \times 4 = 24(\text{cm}^2)$, $6 \times 2 = 12(\text{cm}^2)$, $2 \times 4 = 8(\text{cm}^2)$이므로 직육면체의 겉넓이는 $(24+12+8) \times 2 = 88(\text{cm}^2)$야.
직육면체의 겉넓이는 여러 가지 방법으로 구할 수 있으므로 다른 방법으로도 구해 보고 똑같은 결과가 나오는지 확인해 볼 수 있어.

선생님 놀이

1 420 cm^3 / 해설 참조
2 236 cm^2 / 해설 참조

1 돌의 부피는 높이가 올라간 만큼의 물의 부피와 같습니다. 올라간 물의 부피가 $20 \times 7 \times 3 = 420(\text{cm}^3)$이므로 돌의 부피는 420 cm^3입니다.

2 $8 \times 5 \times (높이) = 240$이므로 $40 \times (높이) = 240$입니다.
따라서 높이는 $240 \div 40 = 6(\text{cm})$입니다.
－ 직육면체의 합동인 면이 3쌍이므로 한 꼭짓점에서 만나는 세 면의 넓이의 합을 구한 뒤 2배 합니다.
$(8 \times 5 + 5 \times 6 + 8 \times 6) \times 2$
$= (40 + 30 + 48) \times 2$
$= 118 \times 2$
$= 236(\text{cm}^2)$
－ 직육면체의 두 밑면의 넓이는 $8 \times 5 \times 2 = 80(\text{cm}^2)$이고, 옆면을 펼친 넓이는 $(8+5+8+5) \times 6 = 156(\text{cm}^2)$이므로 겉넓이는 $80 + 156 = 236(\text{cm}^2)$입니다.

---

1 식 1, 1, 1, 1
  답 1 / 1 세제곱센티미터

2 12 cm^3

3 (교차선 그림)

4 (위에서부터) 2, 60

5 2688 cm^3

6 (　　　)(○)

7 12, 24, 12, 24, 18 / 108

8 12, 24 / 108

9 (1) <
　(2) >

10 5, 5, 5 / 125

11 6 cm / 216 cm^2

12 54 cm^2

2 아래층에 6개가 있고, 2층으로 쌓여 있으므로 총 12개입니다. 쌓기나무 1개의 부피가 1 cm^3이므로 직육면체의 부피는 12 cm^3입니다.

5 $12 \times 14 \times 16 = 2688(\text{cm}^3)$

6 (왼쪽 직육면체 부피)$= 6 \times 5 \times 4 = 120(\text{cm}^3)$
(오른쪽 직육면체 부피)$= 6 \times 3 \times 6 = 108(\text{cm}^3)$

7 ㉡ $= 3 \times 4 = 12$
ㄷ $= 6 \times 4 = 24$
㉣ $= 3 \times 4 = 12$
㉤ $= 6 \times 4 = 24$
㉥ $= 3 \times 6 = 18$

8 ㉡ $= 3 \times 4 = 12$, ㄷ $= 6 \times 4 = 24$

9 (1) $2700000 \text{ cm}^3 = 2.7 \text{ m}^3$이므로
$2.7 \text{ m}^3 < 27 \text{ m}^3$입니다.
(2) $45000000 \text{ cm}^3 = 45 \text{ m}^3$이므로
$45 \text{ m}^3 > 6.3 \text{ m}^3$입니다.

10 100 cm = 1 m이므로 정육면체의 한 모서리의 길이는 500 cm = 5 m입니다.
⇨ (정육면체의 부피)$= 5 \times 5 \times 5 = 125(\text{m}^3)$입니다.

11 정육면체 한 면의 넓이가 36 cm^2이므로 한 모서리의 길이는 6 cm입니다.
⇨ (정육면체의 겉넓이)$= 6 \times 6 \times 6 = 216(\text{cm}^2)$

12 정육면체 한 모서리의 길이는 3 cm입니다.
⇨ (정육면체의 겉넓이)$= 3 \times 3 \times 6 = 54(\text{cm}^2)$

1 90개

2 810 cm³

3 46 cm³

4 해설 참조 / 592 cm²

5 해설 참조 / 720 g

6 해설 참조 / 1128 cm²

---

1 큰 상자의 가로와 세로가 180 cm, 120 cm이므로 가로가 30 cm, 세로가 40 cm인 과자 상자가 한 층에 $6 \times 3 = 18$(개) 들어 있습니다. 높이가 100 cm이므로 높이가 20 cm인 과자 상자가 5층으로 들어 있습니다.

   ⇨ (과자 상자의 수)$= 18 \times 5 = 90$(개)

2 직육면체의 가로는 9 cm, 세로는 9 cm, 높이는 10 cm입니다. 따라서 직육면체의 부피는 $9 \times 9 \times 10 = 810 (cm^3)$입니다.

3 큰 직육면체의 부피에서 작은 직육면체의 부피를 뺍니다.

   $(4 \times 6 \times 2) - (1 \times 1 \times 2) = 48 - 2 = 46 (cm^3)$

4 $\square \times 12 \times 10 = 960$이므로 $\square = 8$입니다.

   (직육면체의 겉넓이)

   $= (8 \times 12 + 12 \times 10 + 8 \times 10) \times 2$

   $= (96 + 120 + 80) \times 2$

   $= 592 (cm^2)$

5 $(2 \times 2) \times 6 \times 30 = 720 (cm^2)$, $720 \times 1 = 720 (g)$

6 직육면체 옆면(4개)의 넓이를 구하고, 밑면 중 한 개만 구한 후 가운데 뚫린 부분의 넓이를 뺍니다.

   $(12 \times 24 + 12 \times 12) \times 2 + (12 \times 24 - 12 \times 2)$

   $= (288 + 144) \times 2 + (288 - 24)$

   $= 1128 (cm^2)$

수학의 미래
초등 6-1

지은이 | 전국수학교사모임 미래수학교과서팀

초판 1쇄 인쇄일 2021년 1월 27일
초판 1쇄 발행일 2021년 2월 5일

발행인 | 한상준
편집 | 김민정 강탁준 손지원 송승민
삽화 | 조경규 홍카툰
디자인 | 디자인비따 한서기획 김미숙
마케팅 | 주영상
관리 | 김혜진

발행처 | 비아에듀(ViaEdu Publisher)
출판등록 | 제313-2007-218호
주소 | 서울시 마포구 월드컵북로6길 97 2층
전화 | 02-334-6123   **홈페이지** | viabook.kr
전자우편 | crm@viabook.kr

ⓒ 전국수학교사모임 미래수학교과서팀, 2021
ISBN 979-11-91019-19-3 64410
ISBN 979-11-91019-08-7 (전12권)